21 世纪高等医学院校教材

生理科学实验教程

朱健平 编著

科学出版社
北京

内 容 简 介

　　本书共分三大部分:第一部分(1~5)重点讲解实验的基本要求、基本知识和基本技术。第二部分(6~8)为实验教学内容,包括基础医学机能实验、动物病理模型复制实验和有关药物研究的动物实验。第三部分(9~10)介绍医学动物实验的设计原理和方法以及如何进行研究性实验。本书对原来分散于各学科的实验教学内容进行了修订补充和优化,加强了基础医学实验基本知识、基本技术的训练,保留了各学科的经典实验和特色实验,突出了计算机生物信号采集处理系统在医学实验中的应用。本书适用于医药院校本科生、研究生及从事医药学研究的相关人员使用。

图书在版编目(CIP)数据

生理科学实验教程/朱健平编著.—北京:科学出版社,2003.4
21 世纪高等医学院校教材
ISBN 7-03-011251-2

Ⅰ. 生…　Ⅱ. 朱…　Ⅲ. 生理实验—医学院校—教材　Ⅳ. R33 – 33

中国版本图书馆 CIP 数据核字(2003)第 015089 号

责任编辑:李　君／责任校对:赵　燕
责任印制:刘士平／封面设计:卢秋红

科 学 出 版 社 出版
北京东黄城根北街16号
邮政编码:100717
http://www.sciencep.com
双青印刷厂 印刷
科学出版社发行　　各地新华书店经销

*

2003 年 4 月第 一 版　　开本:B5(720×1000)
2015 年 6 月第十二次印刷　印张:11 1/4
字数:213 000

定价:26.00 元
如有印装质量问题,我社负责调换

序　言

随着现代医学教育改革的不断深化,传统的实验教学模式已经难以适应现代医学教育体系创新和发展的需要。基础医学实验教学中教学仪器的计算机化、教学手段的多媒体化、教学内容的综合性化、教学目标的高标准化等都为实验教学赋予了新的定义和内涵。

为了加强医学生科学素养和基础研究能力的培养,实现现代教育技术与基础医学教育内容的结合,共享教学资源,我校对基础医学实验教学课程进行了改革,组建了独立的生理科学实验室,开设了新型课程——生理科学实验。两年多的实践证明,课程改革的思路是正确的,改革措施是可行的,改革效果是显著的。生理科学实验课程现已成为我校深受学生欢迎的课程之一。

本书的作者在工作实践基础上编著的《生理科学实验教程》一书,优化了基础医学动物实验教学内容,加强了基础医学实验基本知识、基本技术的训练,保留了原学科的经典实验和特色实验,增加了跨学科的综合实验、实验数据的处理与统计分析、实验设计等内容,突出了计算机生物信号采集处理系统在基础医学实验中的应用,并且尝试着在研究生教学中开展一些科研性实验工作,是一本科学性、创新性和实用性较强的实验教材。《生理科学实验教程》的正式出版,将为生理科学实验课程的教学提供教材保证,也是生理科学实验室的同志们辛勤劳动的结晶。

希望本书的出版发行,能为学校深化实验教学改革提供重要参考。同时,也希望能在实验教学改革的实践中,对本教材的内容不断进行丰富和完善,使之在医学院校教学改革中发挥出更大的作用。

广东医学院院长、教授

罗少军

2003 年 3 月

前　　言

近几年来,全国各高等医学院校针对基础医学实验教学的定位和教学模式等问题展开了广泛讨论和积极探索,我校顺应医学教育改革的潮流,组建了以承担基础医学动物实验教学为主要教学任务的生理科学实验室,在生理学、病理生理学、药理学实验教学的基础上,独立开设了生理科学实验课程,本书主要为课程教学需要而编著。

本书编著的指导思想是要体现出教材的科学性、创新性和实用性。书中的教学实验和教学内容都经过了认真的筛选和实验论证,兼顾了基础医学学科的代表性和系统性,实验参数准确可靠。在教学内容中介绍了先进的计算机生物信号采集处理系统和 Excel 软件实验数据统计分析的应用,增加了实验设计和科研性实验等新颖内容,在实验教学的改革方面做了大胆尝试。

全书的总体编排框架与课程教学的阶段性以及教学进度相吻合,编排格式和写作风格较为一致,并且配加了大量的插图。同时,在教学实验中增加了相关知识、实验设置参数和实验后处理等内容,颇具特色,也为使用者提供了极大的便利。

在本书的编著和出版过程中,承蒙罗少军院长的关心支持并为本书作序,生理科学实验室的梁泽华、何康、林春燕、梁洪英等同志都付出了大量的劳动,在此一并表示衷心的感谢!

实验课程改革是新生事物,加之编著者水平有限,书中不当之处恐在所难免,祈盼各位同仁和使用者提出宝贵意见,以便再版时加以修正。

朱健平

2003 年 3 月

于广东医学院

目　　录

1 绪论

1.1 概述

21世纪医学教育改革的发展趋势之一就是课程体系的改革,即建立以核心课程为基础的、集中指导下的选修制;发展以器官、系统或以问题为中心的多学科综合课程;创建以培养学生综合能力为目标的新型课程。为了顺应这种教育改革的趋势,以期达到共享教学资源、实现现代教育技术与基础医学教育内容相结合、加强医学生科学素养和培养医学科研能力的目的,我们在原来的生理学、病理生理学和药理学三个学科实验教学的基础上,对实验教学的内容和形式进行了有机的融合和创新,开设了一门新型的课程——《生理科学实验》,作为高等医学院校学生必修的医学基础课程之一。

生理科学是研究生物体(包括人体和动物)功能活动规律的科学,生理科学实验则是以大量的实验尤其是动物实验为基础,研究正常的、疾病状态下的以及用药后的生物体功能活动变化及其规律。

《生理科学实验》课程是一门实践性、综合性较强的新型课程。它既有自己的系统理论,又有涉及多个学科的专业理论知识;既有丰富的传统基础医学实验内容,又有着眼于培养学生医学科学研究能力的科研性实验。《生理科学实验》课程的开设为医学生提供了一个理论联系实际、大胆实践操作和积极思考的机会,为医学生掌握基础医学实验的基本规律,发挥自己的创造性思维能力提供了一个广阔的空间。

《生理科学实验》课程的教学分为以下三个阶段进行:

实验基本知识和技术学习阶段 该阶段的主要任务是学习有关动物实验的基本知识和基本操作技术,学习与基础医学实验有关的器械、仪器设备及计算机生物信号采集处理系统的使用方法,学习对实验数据的处理和统计分析方法。

教学实验学习阶段 该阶段主要通过完成一些较经典的、综合性的教学实验,进一步强化实验操作技术,提高动手能力。在验证已知医学理论的同时,探索可能的未知规律。熟悉医学实验的基本操作程序,掌握基础医学动物实验的方法。总结实验中的经验和教训,培养分析问题和解决问题的能力。

科研性实验学习阶段 该阶段是在教师指导下,以组为单位,自选科研性实验课题,通过查阅文献资料,设计实验方案,完成实验项目,最后撰写出实验论文。此阶段教学的主要目的是使学生进一步掌握具有科研性质的动物实验的基本程序,学习综合性、应用型实验技术,培养医学生从事医学科研工作的基本素质。鉴于条件的限制,该阶段的学习目前主要在研究生培养中进行。

《生理科学实验》课程的教学目标是培养医学生科学思维的能力、获取知识的能力、独立开展工作的能力、动手操作的能力、观察分析的能力、书面表达的能力以及科研协调的能力,培养医学生对医学科研工作的兴趣和严谨求实的工作作风,培养创新意识与开拓精神,提高医学生的综合素质。

1.2　课程的教学要求

教学前的准备工作　根据每学期教学进度表的安排,学生在课前要仔细阅读课程教材,了解课程的目的要求,领悟实验的设计原理,熟悉实验步骤和操作要领。要结合课程教学的内容,复习相关学科的理论知识,设计好实验原始记录的表格,预测实验结果和实验中可能发生的意外并思考对问题的解决方法。要准备好对实验教学中存在的问题和对实验结果进行分析讨论的发言提纲。

教学过程中应注意的事项　上课时要认真听取教师的理论讲解,比较自己在预习教材时理解上存在的差异,弄懂弄通与实验操作相关的理论知识,注意观察示范操作的演示,特别注意教师所指出的实验过程中的注意事项。

实验时应注意将实验器材、药品、动物等摆放在适当的位置。要保持实验室的安静,不要高声谈笑,不得随意进出实验室或进行与实验无关的活动。要按照实验步骤或教师的要求,以严肃认真的态度循序操作,不能随意更动操作程序。要注意保护实验动物或标本,节约实验器材和药品。要注意安全,严防被动物咬伤、中毒、触电等事故的发生。

在不同的实验项目中,组长应对小组成员进行明确分工,使大家轮流承担各项实验操作,力求每人的实践机会均等。小组成员间要互相配合,各尽其职,统一协调。

实验过程中若出现问题,应主要依靠自己的力量查找原因并加以解决,不宜过分依赖教师,以培养自己独立分析和解决问题的能力。要仔细、耐心地观察实验过程中出现的现象,随时记录并联系理论知识进行思考。对于没有达到预期结果的项目,要及时分析原因,条件许可时,可重复部分实验项目。

教学结束后的工作　实验教学结束后,要将实验用具、器械擦洗干净,如有损坏或短少,应立即报告指导教师,并按规定进行登记。对于临时借用的器械或物品,实验完毕后应点交指导教师。动物尸体、标本、纸片和废品应放到指定地点,不要随地乱丢。某些试剂或药品可能有毒,污染环境和损害健康,应听从教师安排,适当存放或进行必要的处理。不按要求使用器械、器皿并造成损坏的要酌情赔偿。值日生要搞好实验室的清洁卫生,离开实验室前应关闭门窗、水电。

每次实验教学结束后,要根据实验的目的和要求,整理好实验记录,认真讨论和撰写实验报告,并将实验报告按时交指导教师评阅。

1.3 实验结果的记录和整理

实验时应对实验条件、实验结果和可能出现的异常现象等进行真实、详尽的记录,实验结束后再对实验数据进行整理和分析,以揭示事物变化的规律性和必然性。

实验后要对原始实验记录进行确认性工作,检查和核对数据是否有抄漏错误、图谱是否有剪辑错误、取样是否有差错等,以提高实验结果记录的完整性和准确性。要真实地对观察到的实验结果及时记录,绝不可以对实验结果进行人为的删改,想当然地用主观臆测或书本理论知识代替客观事实。

由于动物实验存在个体差异,个别情况不一定符合总体趋势,因此,在科研实验中应有一定数量的重复。在教学实验中,每次实验结束后则应以组或班为单位,对实验结果进行整理或计算,必要时作出统计处理(详见"实验数据的处理与统计分析"),以便了解实验结果的全貌,得出正确结论。

生理科学实验的实验结果包括记录曲线、计量资料(如血压、心率、瞳孔大小测量的数据)和计数资料(如动物死活数、阴阳性反应数等数据)等几种,其在实验报告中表达的方法主要采用图形法、表格法、绘图法和描述法。

图形法 图形法是指将实验中计算机或其他测量仪器记录到的曲线(如呼吸、血压、肌肉收缩曲线等)经过编辑、剪裁,加上标记、说明等处理,制成图谱后直接剪贴或制作在报告上,以显示实验结果。图形法较为直观、清晰,能够客观地反映实验结果。

表格法 表格法就是将实验直接得到的数据或者对于原始图形的测量结果用列表的方式进行显示。用表格法显示实验结果较为简洁、明了,便于比较,同时也可以显示初步统计分析的结果。

绘图法 绘图法是指将实验结果绘制成柱图、饼图、折线图或逻辑流程图等方式显示出来,其所表达的内容可以是原始结果,也可以是经过分析、统计或转换的数据。绘图可以在计算机上用适当的软件制作,也可以手工绘制。绘图法显示的实验结果比表格法更加直观、形象。

描述法 对于不便用图表显示的实验结果(如动物的精神状态、中毒症状、某种现象的有或无等),也可以直接用文字描述。用描述法显示实验结果时要注意文字的精练和层次,注意用词的规范和准确。

1.4 实验报告的撰写

每次教学实验结束后,均要求以组为单位撰写出实验报告。在小组成员集体对实验结果和实验中发现的问题进行充分讨论的基础上,由小组各成员轮流执笔撰写实验报告。撰写实验报告时应使用统一的实验报告本和规范的撰写格式,注意文字工整、清晰,语言简练、通顺、准确和标点符号的正确使用。

实验报告的撰写格式和具体要求如下：

班级、组别　此项内容一次性写在实验报告的封面上。

题目　实验题目应按照实际的实验项目书写，同时在题目的右上角注明实验日期、实验室温度、湿度和气压。

目的　实验目的要求尽可能简略、明了。

方法　实验方法如与教材相同可省略抄写，但应注明其在教材中的页码。如对实验方法有新的改进，则应详细书写，以便指导教师判断新方法的科学性和先进性。

结果　实验结果的记录应该真实、详尽。撰写实验报告时要先将实验得到的原始资料进行适当的筛选和整理，必要时实验数据要经过统计学处理，然后用表格、图谱或文字加以表达。但应注意实验结果在表格、图谱、文字中不要重复表达。

图谱的制作要求图的大小以及纵、横坐标的比例要适当（纵、横坐标的比例一般为 5∶7），在图的纵、横轴上注明标目单位，尺度一般从左向右，自下而上，由小到大，图的下方应有图题，如果同时有两张以上的图还应该有图的编号。

表格的制作要求制成三线表，表的上方应有表题，必要时还要有表号，注意表中纵、横标目内容和单位的确定，表格中的数据用阿拉伯数字表示，暂缺用"…"表示，无数字用"—"表示，为"0"者记作"0"，不应有空项，需要时可以有合计。

讨论　讨论是运用所掌握的理论知识，通过分析推理，对实验中出现的现象和实验结果进行科学解释的过程。对实验结果的分析推理要有根据，实事求是，符合逻辑。要判断实验结果是否为预期的，如果出现非预期的结果，应分析其产生的可能原因。

讨论要有明确的目的性，不需要面面俱到，不应该主次不分，更不能下笔千言，离题万里。讨论是实验报告的核心部分，体现出实验者对实验的理解和思考水平，需要认真对待。

结论　结论是在讨论的基础上从实验中归纳出的科学性、概括性的判断，也就是对实验所能验证的概念、原则或理论的简明总结。结论应与实验目的相呼应，对于在实验中未能得到充分验证的内容，不要写到结论中去。

讨论和结论部分的撰写是一项富有创造性的工作，它反映实验者独立思考和独立工作的能力，撰写时不要盲目抄袭书本或他人的实验报告，也不要罗列具体的实验过程。作出结论时语言要精练，不要再重复讨论的内容。

撰写实验报告或实验论文时若参考了其他文献资料，则应注明出处。

研究生学习撰写实验报告可以按照医学期刊的科研论文格式要求进行。

1.5　学生实验室守则

（1）学生实验室是开展教学实验和科学研究的场所，任何人进入实验室必须严格遵守实验室的各项规章制度和操作规程。

（2）培养良好的实验作风。进入实验室要关闭手机等通讯设备，实验时要保持实验室内的整洁、安静，严禁喧哗、打闹、随地吐痰、乱扔垃圾和吃零食。不得擅自翻动和使用柜内物品及他人物品。

（3）实验室的仪器设备及附件、试剂等物品，未经实验室管理人员同意，使用者均不得擅自携带至室外，对违反规定者，将视情节轻重予以纪律处分和经济处罚。

（4）学生实验时不得迟到、早退，实验途中如有特殊情况需要外出，需向指导教师说明情况并获得准许。

（5）实验前应预习实验内容，了解实验仪器的性能和使用要点。实验中要按规定进行仪器的操作和使用，如发现仪器设备故障或损坏应立即报告，以便及时得到维修和更换，不得擅自拆修，以防发生意外。

（6）如在实验过程中由于使用不当损坏物品，应作及时报告和登记，并按规定予以赔偿。借用本实验室的物品，需经实验室管理人员同意并做好借物登记，使用完毕后及时归还。

（7）要爱护实验仪器，节约水、电及实验材料。实验中如发现异常情况，应及时向实验室管理人员报告，以便得到及时、妥善的处理。对恶意损坏实验设备者将给予纪律处分和经济处罚。

（8）各实验小组的实验器材、用品由各组保管使用，不得随意与他组调换或挪用。如需补发或增添，应说明原由。每次实验后应清点实验器材、用品数量，如有遗失或损坏，应说明情况并根据具体情节给予赔偿。

（9）学生在实验过程中，如被动物抓伤、咬伤，应立即报告指导教师，进行适当的医疗处理。实验结束后，动物及标本要按规定处置，不可擅自拿走。

（10）实验结束后，各组应自觉清洗和整理实验器材，值日生做好全室清洁工作，关好门窗、水电，经指导教师检查合格后方可离开实验室。

2 医学动物实验的基本知识

2.1 动物实验的常用方法

动物实验是医学科学研究和教学工作中必不可少的重要手段,通过动物实验,可以观察、分析、研究和解决医学中的许多问题,如学习医学知识,探索人类疾病的发病机制,寻求疾病的治疗方法,评价药物的疗效和安全性等。可以说,医学科学研究和教育的过程与动物实验息息相关。

医学动物实验的方法多种多样,在医学的各个学科领域有不同的应用,但有一些基本方法是共同的,如动物的选择、分组、编号、抓取、固定、麻醉、手术、给药、采血、取尿、急救、处死等,各个医学学科的动物实验几乎都要涉及这些基本的实验操作方法。

医学动物实验的方法按照实验的对象范围可以分为整体实验、在体实验和离体实验;按照实验的机体水平可以分为分子水平、亚细胞水平、细胞水平、组织器官水平和整体水平实验;按照实验的时间长短可以分为急性、亚急性和慢性实验;按照实验的手段不同可以分为更多种类。

本课程教学中的动物实验方法主要涉及生理学、病理生理学和药理学三个学科,故有其自己的特点,主要有以下几种。

疾病动物模型复制法 此法系采用人工手段,使动物在某种致病因素(包括机械、化学、生物因素等)作用下,形成组织、器官或机体的一定损伤,从而制备出与人类某种疾病相似的动物模型,用来研究疾病的发生、发展过程及其规律,或者研究疾病的防治方法和药物的作用原理。此方法是医学动物实验中最基本的实验方法。

离体器官实验法 离体器官实验法是指将动物的组织、器官等分离出来,置于一定的存活条件(如温度、氧气、水、pH及营养成分等)下进行观察和处理的一种实验方法。它可以用来观察离体组织、器官的正常功能状态以及研究施加处理因素后对其活性或功能的影响。

动物整体实验法 动物整体实验法是指以活体动物为整体对象的实验方法。它是在动物麻醉或非麻醉状态下,给其施加某种(些)处理因素,然后观察和研究动物体内的各种变化或反应,从而证明处理因素的实际效果。动物整体实验法在药学研究方面是临床实验前的"必经之路"。

生物电观察法 生物电观察法是指对动物的各种生物电现象(如心电、肌电、脑电等)用记录仪器进行记录、观察和研究的实验方法。这种观察可以是在体的,也可以是离体的,它也可以用来研究处理因素对生物电活动的影响。

活性物质测定法 活性物质测定法是指通过一定的检测手段,对动物体内各种生物活性物质(如细胞、酶、蛋白质、药物等)进行含量测定的实验方法。通过对这些生物活性物质含量变化的了解,可以直接或间接地得出某些科学的实验结论。

医学动物实验的方法虽然多种多样,但每一种方法都各有其特点和局限性。实际工作中为了达到某种目的,所采用的实验方法往往互相交叉,互相渗透。具体到一个实验项目,究竟采用何种方法,应根据实验目的、实验条件和能够达到的技术水平加以选择和确定。

2.2 动物实验常用的观察指标

生物体(包括动物和人体)在进行生命活动时,会发出各种各样的生物信息。通过一定的方法,我们可以引导出这些信息,经过进一步放大和处理后,就可以显示和反映出生物体的功能及变化情况。这些信息就是我们研究、了解生物体功能的各种观察指标。

电生理指标 电生理指标来源于对生物电信号的采集与处理,常见的生物电信号包括神经干动作电位、神经放电、诱发电位、心电、脑电、肌电等。生物电信号一般都比较微弱($\mu V \sim mV$级),频率比较低($DC \sim 1000Hz$),且电阻较大。因此,生物电信号的采集与放大需要使用专门的记录仪器和方法。

普通生理指标 普通生理指标主要是指伴随生命活动的一些机械信号,如动脉血压、胸膜腔内压(曾名胸内压)、中心静脉压等压力信号,肌肉张力、肠管张力、蛙心搏动、呼吸运动等张力信号,用记滴的方法测定尿量的流量信号等。这些指标均可以通过相应的换能器转变成电信号做进一步处理。

其他生物学指标 其他生物学指标如凝血酶原时间的测定、血浆尿素氮含量的变化等生化指标,微循环血管口径、血细胞计数等形态学指标,兴奋与抑制、死亡与存活等行为学指标,生物体内药物浓度随着时间的变化等药物学指标,在生理科学实验中都会用到。

随着医学学科的互相融合,实验条件的改善和技术的进步,生理科学实验观察指标的种类会不断增加,观察指标的精度也会不断提高。

2.3 常用实验动物的种类与选择

2.3.1 常用实验动物的种类及特点

"实验动物"是指供生物医学实验而科学育种、繁殖和饲养的动物。高质量的实验动物是指通过遗传学与微生物学的控制而培育出来的个体,这些个体具有较好的遗传均一性、对外来刺激的敏感性和实验的再现性。教学实验中使用的动物,有些并不是真正意义上的"实验动物",它包括市售动物、野生动物或家庭饲养动物,严格地说,这些动物只能称之为"用来做实验的动物"。

常用实验动物的种类及其特点如下。

青蛙和蟾蜍 青蛙和蟾蜍是教学实验中常用的小动物。青蛙(或蟾蜍)的心脏在离体情况下仍可保持较长时间的节律性收缩,可用来研究心脏的生理特征和药物对心脏的作用。蛙类的坐骨神经-腓肠肌标本可用来观察各种刺激或药物对周围神经、骨骼肌或神经肌肉接头的作用。此外,蛙类的肠系膜是观察炎症反应和微循环变化的良好标本。

小鼠 小鼠是医学实验中用途最广泛和最常用的动物。小鼠的品系很多,实验教学中常用的小鼠为白色被毛的昆明小鼠(KM 小鼠)。小鼠繁殖周期短,产仔多,生长快,饲料消耗少,温顺易捉,操作方便,又能复制出多种疾病模型,适用于需要大数量动物的实验,如药物的筛选、半数致死量或半数有效量的测定等,也可用于避孕、缺氧、抗肿瘤等方面的研究。

大鼠 大鼠品系也很多,我国常用的为白色被毛的 SD 大鼠和 Wistar 大鼠。大鼠性情不如小鼠温顺,受惊时表现凶恶,易咬人,雄性大鼠间也常发生殴斗和咬伤。但大鼠具有小鼠的其他优点,医学上用途广泛,可用于胃酸分泌、胃排空、水肿、休克、心功能不全、黄疸、肾功能不全等方面的研究。研究药物的抗炎作用时,常利用大鼠的踝关节进行实验。

豚鼠 豚鼠又名天竺鼠、荷兰猪。目前用于医学实验的主要为单色、双色或三色被毛的英国种豚鼠。豚鼠性情温顺,胆小易惊,对周围环境的变化敏感。因其对组胺敏感,并易于致敏,故常选用作抗过敏(如平喘药和抗组胺药)实验。因为它对结核杆菌敏感,也常用作抗结核病的治疗研究。豚鼠还可用于心脏实验和钾代谢障碍、酸碱平衡紊乱等的研究。

家兔 家兔品种很多,医学实验中常用的有中国白兔、大耳白兔、新西兰兔、青紫蓝兔等,教学实验中常用的为中国白兔(又名白家兔、菜兔)。家兔性情温顺,便于静脉给药、灌胃和取血,是医学实验中最常用的动物之一。家兔可用于心血管、呼吸、泌尿等系统的实验,还可以用于钾代谢障碍、酸碱平衡紊乱、水肿、炎症、缺氧、DIC、休克等方面的研究。由于家兔的体温变化较灵敏,故也常用于解热实验及药物制剂的热原检查。

猫 猫分为家猫和品种猫两大类,实验用猫绝大部分为市售的短毛杂种猫。猫的循环系统发达,血管壁较坚韧,血压比家兔稳定,故常用于血压实验。猫的呕吐反射和咳嗽反射也较灵敏,可用于镇吐和镇咳方面的实验。

犬 犬的品种多而杂,目前国际公认的理想的实验用犬是 Beagle 犬。犬的嗅觉灵敏,对外界环境适应力强,血液、循环、消化和神经系统均很发达,内脏构造及其比例与人类相似,易于驯养,经过训练能很好地配合实验,适用于许多急、慢性实验,尤其是慢性实验。犬是医学实验中最常用的大动物,但由于价格较昂贵,故主要用于科研实验和一些大的教学实验中,一般教学实验并不常用。

2.3.2 常用实验动物的选择

实验动物的选择是动物实验中首先要考虑的问题之一。不同的实验其研究目的和要求不同,不同的实验动物也有其各自的生物学特点和解剖学特征,实验中若不加选择地使用动物,可能会得出不可靠的实验结果,甚至导致整个实验失败。实验动物的正确选择,要建立在对各种实验动物的特点充分了解的基础上。

选择实验动物应遵循下列基本原则。

相似性原则 相似性原则是指利用动物与人类某些功能、代谢、结构和疾病特征的相似性选择实验动物。一般来说,动物所处的进化阶段越高,其功能、结构、反应也越接近人类,如猩猩、猕猴、狒狒等灵长类动物最类似于人类。但在实际工作中,灵长类动物来源极少,价格昂贵,饲养特殊,选择不太现实。另一方面,也并非只有灵长类与人具有相似性,有些动物在某些功能、代谢、结构和疾病特征方面也与人类近似,可以选择作为实验动物。

犬具有发达的血循环和神经系统,在毒理方面的反应与人类也比较接近,适用于做实验外科学、药理学、毒理学、行为学等方面的实验研究。

青蛙和蟾蜍的高级神经系统虽然不发达,但做简单的反射弧实验则很合适,因为最简单的反射中枢位于脊髓,青蛙和蟾蜍的脊髓已进化到符合实验要求的程度,且其结构简单,易于分析。

猪的皮肤组织结构与人类相似,其上皮再生、烧伤后的内分泌及代谢等也类似人类,故选用小型猪作为烧伤实验研究较为理想。

特殊性原则 特殊性原则是指利用不同种系的实验动物存在的机体特殊构造或某些特殊反应,选择解剖、生理特点符合实验目的和要求的实验动物。实验时恰当地选择具有某些解剖、生理特点的动物,能降低实验操作的难度,保证实验取得成功。

家兔颈部的交感神经、迷走神经和减压神经(降压神经)分别存在,独立走行,而其他动物(如猪、犬、猫)的减压神经并不单独走行,而是走行于迷走-交感干或迷走神经中,如果要观察减压神经对心脏的作用,就应该选择家兔。

大鼠肝脏再生能力很强,切除 $60\% \sim 70\%$ 肝叶后仍有再生能力,很适合做肝外科的实验研究,但是大鼠没有胆囊,就不能用来做胆囊功能研究的实验。

豚鼠易于致敏,适合于做过敏性实验研究。由于豚鼠自身不能合成维生素 C,必须从食物中摄取,故适合于做维生素 C 缺乏性实验研究。豚鼠血清中补体含量多,效价高,所以常用于免疫学和生物制品的研究。

大多数实验动物是按照性周期排卵的,而家兔和猫属于刺激性排卵动物,只有经过交配刺激才能排卵,因此,家兔和猫是研究避孕药的常用动物。

标准化原则 标准化原则是指动物实验中要选择和使用与研究内容相匹配的标准化的实验动物。为了保证实验结果的准确性和可重复性,使用标准化实验动物是极其重要的。只有选用经遗传学、微生物学、环境及营养控制的标准化实验动物,才能排除微生物及潜在疾病对实验结果的影响,排除因遗传污染而造成的个体差异。

选用标准化实验动物的类别或级别要与实验条件、实验技术、药品试剂等相匹配。既要避免用高精密度仪器、先进的技术方法、高纯度的药品试剂与低品质、非标准化的动物相匹配,又要防止用低性能的测试方法、非标准化的实验设施与高级别、高反应性能的动物相匹配,造成不必要的资源浪费。

标准化动物的培育成本是比较高的,实验中选择何种遗传群动物和微生物控制等级的动物,应根据各种动物的特点,结合实验的水平、内容及目的而定。现代医学科研实验中对实验动物的标准化要求极其严格。教学实验着重于学生的学习过程,使用动物的数量又较大,从动物价格、来源等多方面考虑,一般都没有使用标准化动物。

规格化原则　规格化原则是指要选择与实验要求相一致的动物规格。由于不同动物对外界刺激的反应存在着个体差异,选择动物时除了要注意动物的种类和品系外,还应考虑到动物的年龄、性别、生理状态和健康情况等要符合规格,这也是保证实验结果可靠性、可重复性的重要环节。

年龄是一个重要的生物量,动物的解剖、生理特征和对实验的反应性随年龄不同而有明显变化。一般来说,幼龄动物较成年动物敏感,老龄动物的代谢、各系统功能降低,反应不灵敏,因此动物实验多选用成年动物。但不同实验对动物年龄要求不尽相同,一些慢性实验因周期较长,可选择幼龄动物。有些特殊实验,如老年病学的研究,则考虑用老龄动物。实验中减少同一批动物的年龄差别,可以增加实验结果的可靠性。

实验动物的年龄与体重一般呈正相关性,因此,可以根据动物的体重来推算其年龄。成年动物的体重大致为小鼠 $20\sim30g$,大鼠 $200\sim400g$,豚鼠 $400\sim700g$,家兔 $1.5\sim2.5kg$,猫 $1.5\sim2.5kg$,犬 $9\sim15kg$。

性别不同的动物可能对同一处理因素的反应不同,在实验时,如对动物性别无特殊要求,则宜选用雌雄各半。如已经证明性别对实验结果无影响时,也可雌雄不拘。

动物在特殊的生理状态下,如雌性动物的妊娠期、哺乳期,机体对实验的反应性有很大改变,直接影响实验结果。因此,除非特殊需要(如研究生殖系统疾病等),一般不宜选用。

动物处于衰弱、饥饿、寒冷、疾病等状态下时,对实验结果的影响很大,也不能选用。

健康的哺乳动物的外部特征是发育良好,眼睛有神,爱活动,反应灵活,食欲正常;眼结膜不充血,瞳孔清晰,眼、鼻部均无分泌物流出,呼吸均匀,无鼻翼扇动,不打喷嚏;皮毛清洁柔软而有光泽,无脱毛和蓬乱现象,皮肤无真菌感染;腹部不膨胀,肛门区清洁,无稀便和分泌物;外生殖器无损伤,无脓痂,无分泌物;爪趾无溃疡,无结痂。据此可进行一般的动物选择。

经济性原则 经济性原则是指尽量选择容易获得、价格便宜和饲养经济的实验动物。教学实验所需实验动物的数量大,对实验结果的准确性要求相对不是很严格,因此在保证实验质量的前提下,更需要把握好经济性原则。

2.4 实验动物用药剂量的计算

2.4.1 用药剂量的确定

动物实验的适当用药剂量来自于实践,不能凭空推算。为了某种实验目的准备给某种动物用药时,首先应该查阅该药物的有关文献,了解前人的经验。如能查到为了达到同一目的给同种类动物用药的记录,就可以直接参考。如查不到用药剂量,但能找到该药物的半数致死量(LD_{50}),也可先参考 LD_{50} 来设计用药剂量进行实验。

如果查不到待试动物的合适用药剂量,但知道其他种类动物的剂量或人用剂量,则需要加以换算。关于不同种类动物之间或与人之间用药剂量的换算,不宜简单地按体重比例增减,而需按单位体重的等效剂量换算系数或体表面积的比值来进行换算。

按单位体重换算用药剂量的方法 已知 A 种动物每千克体重用药剂量,欲估算 B 种动物每千克体重用药剂量,可先查表 2-1,找出换算系数(W);再按下式计算:

B 种动物的剂量(mg/kg)＝A 种动物的剂量(mg/kg)×换算系数(W)

表 2-1 常用动物和人每千克体重等效剂量的换算系数

B 种动物或成人	A 种动物或成人						
	小鼠 (0.02kg)	大鼠 (0.2kg)	豚鼠 (0.4kg)	家兔 (1.5kg)	猫 (2kg)	犬 (12kg)	成人 (60kg)
小鼠(0.02kg)	1.0	1.4	1.6	2.7	3.2	4.8	9.01
大鼠(0.2kg)	0.7	1.0	1.14	1.88	2.3	3.6	6.25
豚鼠(0.4kg)	0.61	0.87	1.0	0.65	2.05	3.0	5.55
家兔(1.5kg)	0.37	0.52	0.6	1.0	1.23	1.76	3.30
猫(2kg)	0.30	0.42	0.48	0.81	1.0	1.44	2.70
犬(12kg)	0.21	0.28	0.34	0.56	0.68	1.0	1.88
成人(60kg)	0.11	0.16	0.18	0.304	0.371	0.531	1.0

例1:已知小鼠对某药的最大耐受量为 20mg/kg,请按单位体重换算用药剂量的方法,计算家兔对该药的最大耐受量。

解:查表 2-1,A 种动物为小鼠,B 种动物为家兔,交叉点为换算系数,W = 0.37,因为该系数为每千克体重等效剂量的换算系数,故家兔对该药的最大耐受量为 $20 \times 0.37 = 7.4(mg/kg)$。

按体表面积换算用药剂量的方法　因不同种属动物体内的血药浓度与动物的体表面积呈平行关系,故按体表面积换算用药剂量较按体重换算更为精确(表 2-2)。

表 2-2　常用动物和人体体表面积的比值

B 种动物或成人	A 种动物或成人						
	小鼠 (0.02kg)	大鼠 (0.2kg)	豚鼠 (0.4kg)	家兔 (1.5kg)	猫 (2kg)	犬 (12kg)	成人 (60kg)
小鼠(0.02kg)	1.0	0.14	0.08	0.04	0.03	0.008	0.003
大鼠(0.2kg)	7.0	1.0	0.57	0.25	0.23	0.06	0.021
豚鼠(0.4kg)	12.25	1.74	1.0	0.44	0.41	0.10	0.036
家兔(1.5kg)	27.8	3.9	2.25	1.0	0.92	0.22	0.08
猫(2kg)	29.7	4.2	2.4	1.08	1.0	0.24	0.09
犬(12kg)	124.2	17.3	10.2	4.5	4.1	1.0	0.37
成人(60kg)	332.4	48.0	27.0	12.2	11.1	2.7	1.0

例 2:由动物用量推算人的用量。如已知给家兔静脉注射一定浓度的某药注射剂的最大耐受量为 4mg/kg,推算人的最大耐受量为多少?

解:查表 2-2,得知人与家兔的体表面积比值为 12.2,即人的体表面积是家兔的 12.2 倍。此例中 A 种动物是家兔,家兔的最大耐受量为 4mg/kg,1.5kg 家兔的最大耐受量应为 $4 \times 1.5 = 6(mg)$,那么人的最大耐受量则为 $6 \times 12.2 = 73.2(mg)$。可取其 1/10～1/3 的量作为最初试用剂量。

例 3:由人用量推算动物用量。如已知某中药成人每次口服 10g 有效,拟用犬研究其作用机制,每次应给多少量?

解:查表 2-2,犬与人的体表面积比值为 0.37,即犬的体表面积只有人的 37%,则犬用量为 $10 \times 0.37 = 3.7(g)$。可取其中 1/3～1/10 作为最初试用剂量。

2.4.2　药物浓度的表示方法

药物浓度是指一定量的液体或固体药物制剂中所含主药的份量。常用的药物浓度表示方法有三种。

百分浓度　百分浓度是按照每 100 份溶液或固体药物制剂中所含药物的分数来表示的浓度,简写为%。由于药物或溶液的量可以用容量或重量来表示,因而有以下不同的表示百分浓度的方法。

重量/容量(W/V)法：表示一定容量的药液中所含固体药物的重量，通常为每100ml溶液中所含药物的克数。如5%葡萄糖溶液，即指每100ml溶液中含固体葡萄糖5g。这种浓度表示方法最常用，一般不加特别注明的药物百分浓度即指这种表示方法。若固体物质的重量单位名称是g，液体的容量单位名称是ml，单位名称可以省略，否则应注明单位名称。

重量/重量(W/W)法：表示一定重量的药物制剂中所含固体药物的重量，通常为每100g药物制剂中含药物的克数，这种方法适用于固体药物制剂浓度的表示。如10%氧化锌软膏，即指每100g软膏中含有固体氧化锌10g。

容量/容量(V/V)法：表示一定容量的药液中所含液体药物的容量，通常为每100ml溶液中所含液体药物的毫升数，这种方法适用于液体药物制剂浓度的表示。如消毒用的75%乙醇(酒精)溶液，即指每100ml溶液中含无水乙醇75ml，相当于W/W法表示的70%乙醇。若液体的容量单位名称均为ml，单位名称也可以省略。

比例浓度　比例浓度常用于表示稀溶液的浓度。例如1:5000高锰酸钾溶液是指5000ml溶液中含高锰酸钾1g，1:10 000肾上腺素即指0.01%肾上腺素溶液(W/V)。

摩尔浓度　摩尔浓度是指每升溶液中所含溶质的摩尔数。每摩尔的量等于以克为单位的该药物分子的分子量。如0.1mol/L氯化钠溶液表示1000ml溶液中含NaCl 5.84g(NaCl分子量为58.44)。摩尔浓度相同的等量药物其所含有的药物分子数目是相等的。

2.4.3　用药剂量的计算

动物实验所用药物的剂量一般按mg/kg(或g/kg)体重计算，应用时需根据已知的药物浓度，换算出相当于每千克体重应给予的药液量(ml)，以便于给药。

例1：小鼠体重18g，腹腔注射盐酸吗啡10mg/kg，药物浓度为0.1%，应注射多少毫升？

解：0.1%的药物浓度即表示每毫升药液中含药物1mg，给药量为10mg/kg，相应的容量应为10ml/kg，小鼠体重为18g，即0.018kg，故10×0.018＝0.18(ml)。

小鼠用药量常以mg/10g计算，换算成容积时也以ml/10g计算较为方便。上例给18g体重小鼠用药，相当于0.1ml/10g，再计算其他小鼠给药量时很方便，如20g体重小鼠给0.2ml，以此类推。

例2：盐酸苯海拉明给犬肌内注射的适当用量为2.5mg/kg，现有1.5%的药液，8.5kg体重的犬应注射此药液多少毫升？

解：每千克体重的犬需给盐酸苯海拉明2.5mg，8.5kg的犬需给盐酸苯海拉明2.5×8.5＝21.2(mg)。1.5%的药物浓度即每100ml药液中含药物1.5g，也就是1500mg。每1ml含药量应为1500/100＝15(mg)，21.2/15＝1.4(ml)，即8.5kg的犬应肌内注射 1.5% 盐酸苯海拉明溶液的容量为 1.4ml。

在动物实验中,有时还需要根据药物的剂量及某种动物给药的药液容量来配制合适浓度的药物,以便于给药。

例 3:给家兔静脉注射苯巴比妥钠 30mg/kg,注射量为 1ml/kg,应配制苯巴比妥钠药液的浓度是多少?

解:根据题意,1ml 药液中应含药物 30mg,换算成百分浓度,1:30=100:X,X=3000(mg)=3(g),即 100ml 药液中含药物 3g,故应配成 3% 的苯巴比妥钠溶液。

溶液的稀释可按公式 $C_1V_1=C_2V_2$ 进行计算,即稀溶液浓度(C_1)×稀溶液体积(V_1)=浓溶液浓度(C_2)×浓溶液体积(V_2)。

例 4:实验需要 5% 葡萄糖溶液 500ml,如果用 50% 葡萄糖溶液配制,需要多少毫升?

解:$5\times500=50\times V$,$V=5\times500/50=50$(ml),即取 50% 葡萄糖溶液 50ml 加注射用水至 500ml。

2.5　常用的生理溶液

在进行离体器官或组织实验时,为了维持标本"正常"的功能活动,必须尽可能地使标本所处的环境因素与体内相近似。这些因素包括水、电解质、渗透压、酸碱度、温度、甚至包括某些营养物质。具备了这些因素的溶液被称为生理溶液或生理代用液。最简单的生理溶液为 0.9%(恒温动物)或 0.65%(变温动物)的氯化钠溶液,又称为生理盐水。因为生理盐水的理化性质与体液(细胞外液)仍有很大不同,所以难以长时间维持离体器官或组织的正常功能。因此,Ringer 研制了能够维持蛙心长时间跳动的林格液(Ringer sol,任氏液)。自此以后,一些生理学家以此为基础,根据工作需要,研制了多种生理溶液(表 2-3)。

这些生理溶液不仅电解质的晶体渗透压与体液相同,而且各种离子的比例、葡萄糖的含量、对酸碱的缓冲能力也与体液相近,用这些生理溶液能长久地保持离体器官或组织的功能。

生理溶液不宜长久放置,故一般临用时配制。为了方便配制,最好事先配制好生理溶液所需的各种成分的基础液(母液),临用时按照所需量取基础液置于瓶中,加蒸馏水至定量刻度即可。

在配制生理溶液时要确保固体药物的干燥,必要时进行烘干,然后再精确称量。在加入电解质成分时,如果配制的溶液中要求有 $NaHCO_3$ 或 NaH_2PO_4,同时又需要加入 $CaCl_2$,则前两种盐都必须事先完全溶解而且充分稀释后,方可边搅拌边逐滴加入 $CaCl_2$,否则易产生 $CaCO_3$ 或 $Ca_3(PO_4)_2$ 沉淀,使溶液混浊。因为含有葡萄糖的溶液不能久存,所以葡萄糖应在临用时加入。对配制成的生理溶液,还要测定与校正其 pH 值,林格液应校正到 pH7.2,洛克液和蒂罗德液应校正到 pH 7.3~7.4。

表 2-3 常用生理溶液及其成分

溶液名称	NaCl(g)	10%KCl (ml)	5%CaCl₂ (ml)	5%NaHCO₃ (ml)	5%MgCl₂ (ml)	5%NaH₂PO₄ (ml)	葡萄糖	用　途
等张氯化钠溶液 (变温动物)	6.0~6.5	—	—	—	—	—	—	蛙类、蛇类
等张氯化钠溶液 (恒温动物)	8.5~9.0	—	—	—	—	—	—	犬、兔、鼠
林格液 (Ringer sol)	6.5	2.0	2.0	4.0	—	—	—	蛙类器官、组织
拜氏液 (Bayliss sol)	6.5	1.4	2.4	4.0	—	0.2	—	离体蛙心
洛克液 (Locke sol)	9.2	4.2	2.4	3.0	—	—	1.0	哺乳动物心脏、子宫
蒂罗德液 (Tyrode sol)	8.0	2.0	2.0	20.0	2.0	2.0	1.0	哺乳动物小肠平滑肌
豚鼠支气管液 (Thoroton sol)	5.59	4.6	1.5	10.4	0.45	—	—	豚鼠支气管
大鼠子宫液 (Dale sol)	9.0	4.2	0.6	10.0	—	0.5	—	大鼠子宫
克氏液 (Krebs sol)	6.9	3.5	5.6	4.2	—	2.0	—	哺乳动物各种组织

注 以上各成分的用量为配制 1000ml 生理溶液时的用量

2.6 实验动物的麻醉

实验动物的麻醉是用物理或化学的方法,使动物全身或局部暂时痛觉消失或痛觉迟钝,以利于进行实验。在进行动物实验时,用清醒状态的动物当然更接近生理状态,但实验时各种强刺激持续地传入动物大脑,会引起大脑皮质的抑制,使其对皮质下中枢的调节作用减弱或消失,使动物机体发生生理功能障碍,从而影响实验结果,甚至导致休克、死亡。此外,从安全和人道的角度出发,麻醉也是某些实验中应该采取的措施。

实验动物的麻醉分为全身麻醉和局部麻醉两种类型。

2.6.1 局部麻醉

动物局部麻醉常用的方法是浸润麻醉,浸润麻醉是将麻醉药物注射于皮肤、肌肉组织或手术野深部组织,以阻断用药局部的神经传导,使痛觉消失。

进行局部浸润麻醉时,应先将动物固定好,剪去皮肤表面的被毛,然后在需要手术的局部皮肤区域用皮试针头先皮内注射,形成橘皮样皮丘,再换较长的注射针头,由皮点进针,放射到皮点周围继续注射,直到要求麻醉的区域都浸润到麻醉药为止。

常用的局部麻醉药为1%盐酸普鲁卡因溶液,用量根据手术范围的大小和麻醉深度而定,每个手术野约1～3ml,注射后1～3min内就可产生麻醉作用,维持30～45min。

2.6.2 全身麻醉

全身麻醉常用于较深或较广泛部位的手术,麻醉方法可分为吸入麻醉和注射麻醉两类。

吸入麻醉 吸入麻醉是将挥发性麻醉剂或气体麻醉剂给动物经呼吸道吸入体内,从而产生麻醉效果的方法。常用的麻醉药物是麻醉乙醚。

吸入麻醉多用于大鼠、小鼠和豚鼠。麻醉时将动物放在干燥器或倒扣的烧杯内,放入浸有麻醉乙醚的棉球或纱布团,利用乙醚的挥发性质,动物经呼吸道吸入而产生麻醉作用。乙醚麻醉起效快,维持麻醉作用时间短,停止麻醉后动物苏醒也快,如需要长时间维持麻醉效果,可将浸有乙醚的棉球装入小玻璃瓶内,置于动物的口鼻处,以使其持续吸入,维持麻醉效果。乙醚是易燃的物质,使用时应注意避火。

注射麻醉 注射麻醉可分为静脉注射、肌内注射、腹腔注射等几种方法。静脉注射、肌内注射麻醉多用于较大的动物,如家兔、猫、犬等,腹腔注射麻醉多用于小鼠、大鼠、豚鼠等小动物。注射麻醉常用的药为3%戊巴比妥钠溶液和20%乌拉坦(氨基甲酸乙酯)溶液。戊巴比妥钠麻醉作用稳定,麻醉时间适中,一般动物麻醉均可选用。乌拉坦对呼吸的抑制作用小,麻醉作用较弱,持续时间较长,也可选用,但乌拉坦对肝和骨髓有毒性,只适用于急性实验。此外,还可以选用水合氯醛、异戊巴比妥钠、硫喷妥钠、氯胺酮、苯巴比妥钠等做注射麻醉。

各种动物注射麻醉的用法和麻醉用量见表2-4。

2.6.3 麻醉注意事项

静脉注射麻醉药时应缓慢,同时观察肌肉紧张度、角膜反射和对皮肤夹捏的反应,当这些活动明显减弱或消失时,应立即停止注射。静脉麻醉的给药浓度要适中,不宜过高,以免麻醉过快出现动物死亡,但也不能过低,以减少注入溶液的量。

麻醉时必须保持动物气道的通畅。一旦出现麻醉过深的情况,应立即采取人工呼吸等抢救措施。

对于麻醉动物应注意保温。麻醉期间,动物的体温调节功能往往受到抑制,如出现体温下降,可能会影响实验结果的准确性。环境温度较低时,应给麻醉动物采取保温措施,如采用远红外灯管辐照、电热器、空调等保温。寒冷季节,麻醉药在静脉注射前应加热到动物体温水平。

表 2-4 常见实验动物注射麻醉的用法和麻醉用量

实验动物	给药途径	戊巴比妥钠(mg/kg)	乌拉坦(mg/kg)
小鼠	i.v.	35	—
	i.p.	45	—
	i.m.	—	1350
大鼠	i.v.	25	—
	i.p.	45	780
	i.m.	—	1350
豚鼠	i.v.	30	—
	i.p.	40~50	1500
	i.m.		1350
家兔	i.v.	30	750~1000
	i.p.	40~50	750~1000
犬	i.v.	30	1000
	i.p.	40~50	

注　i.v.:静脉注射　i.p.:腹腔注射　i.m.:肌内注射

3 医学动物实验的基本技术

3.1 实验动物的编号、捉拿与固定

3.1.1 实验动物的编号

实验时为了分组和个体间辨别的方便,常需要对实验动物进行编号。编号就是对动物进行标记,其应遵守的基本原则是清晰、持久、简便、易辨认。

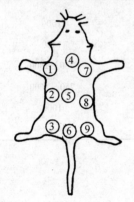

动物编号最常用的方法是染色法,即用化学试剂在动物不同部位的被毛上进行涂染,以示区别。常用的染色液有3%～5%苦味酸溶液(黄色)和0.5%中性红或碱性品红溶液(红色)。编号时用棉签或标记笔蘸取上述溶液,在动物体表不同部位涂上斑点,表示不同号码。编号的原则是先左后右,从前到后。如给小鼠进行1～10的编号,可将小鼠背部分前肢、腰部、后肢的左、中、右共九个区域,从左到右为1～9号,第10号不作标记(图3-1)。若动物编号超过10时,可使用上述两种不同颜色的染色液进行编号,一种颜色用作个位数编号,一种颜色用作十位数编号,这种交互使用可以编到99号。

图 3-1　小鼠背部的编号

染色法主要用于白色被毛的小鼠、大鼠、豚鼠、家兔等动物的编号。此法虽然简单,对动物无损伤,但由于动物之间的互相磨擦、舔毛、水浸渍被毛、脱毛或日久颜色自行消退等原因,不宜用于长期动物实验。

对于猫、犬等较大动物,可用特制的金属号码牌固定于动物颈部进行编号。

动物编号的方法还有烙印法、针刺法、剪毛法等多种方法,一般操作较复杂或对动物有损伤,只在长期动物实验时才考虑使用。

3.1.2 实验动物的捉拿与固定

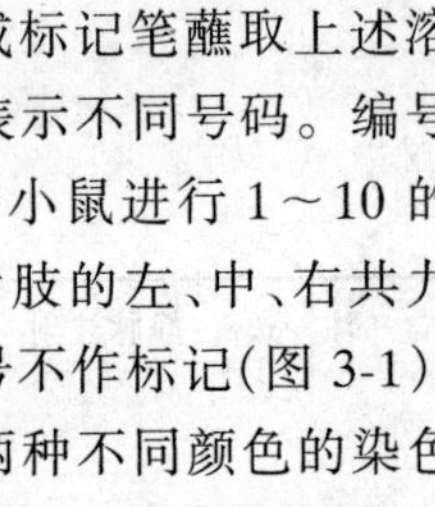

青蛙和蟾蜍　捉拿时直接用左手持蛙,示指和中指夹住左前肢,拇指压住右前肢,将两后肢拉直,用环指和小指压住其左腹侧和后肢(图3-2),用右手进行操作。捉拿时注意不要挤压其两侧耳部突起的毒腺,以免毒液溅入操作者眼中。

需要捣毁脑和脊髓时,用左手拇指和示指夹持青蛙

图 3-2　蟾蜍的捉拿

或蟾蜍的头部,右手将金属探针经枕骨大孔向前刺入颅腔,左右摆动探针捣毁脑组织,然后退回探针向后刺入椎管内破坏脊髓。

根据实验需要,可将蛙用蛙钉仰卧位或俯卧位固定在蛙板上。

小鼠 小鼠的捉拿方法有两种。一种是用右手提起尾部,放在鼠笼盖或其他粗糙面上,轻轻向后拉鼠尾,在小鼠向前挣脱时,迅速用左手拇指和示指捏住小鼠双耳和头颈部皮肤,然后用小指和手掌尺侧夹持其尾根部固定于手中(图 3-3),调整好小鼠在手中的姿势,用右手进行给药等操作。另一种捉拿方法是单手捉拿,用左手拇指和示指抓住小鼠尾部,再用手掌尺侧及小指夹住尾根部,然后用拇指及示指捏住其双耳和头颈部皮肤固定,右手进行实验操作。

两人合作时,可以一人用右手捉住小鼠尾巴,左手捏住小鼠双耳和头颈部皮肤,另外一人进行给药等操作。

图 3-3 小鼠的捉拿

注意抓捏小鼠头颈部皮肤时松紧度要适当,过紧或用力过度会使小鼠窒息死亡。反之,则小鼠头部能反转,咬伤操作者。

当需要对小鼠进行心脏取血、解剖、手术、尾静脉注射等操作时,可用固定板或固定架对小鼠进行固定。

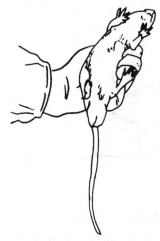

大鼠 大鼠的捉拿方法基本同小鼠。捉拿时用右手抓住鼠尾,将大鼠放在粗糙面上,左手戴上防护手套或用厚布盖住大鼠,用拇指和示指抓住鼠耳及头颈部皮肤,固定其头部,其余三指紧捏住背部皮肤,将其置于掌心(图 3-4),用右手进行操作。对于个体较大的大鼠,也可用左手抓头部,右手抓尾部,由另一人进行实验操作。

还有一种捉拿方法是先用左手将大鼠压住,然后迅速将拇指和示指插入大鼠的颈部,虎口向前,将其头部固定,其余三指及掌心握住大鼠体部,然后调整左手拇指位置,紧抵在其下颌骨上即可。

捉拿大鼠时勿用力过大、过猛,勿捏紧其颈部,以免引起窒息。特别注意不能捉提其尾尖,因为尾尖皮肤易于拉脱,也不能将大鼠悬在空中时间过长,否则会激怒大鼠翻转将操作者咬伤。

图 3-4 大鼠的捉拿

大鼠的固定方法可根据实验操作需要,采用徒手固定、大鼠手术台固定、卵圆钳固定等方法。固定时若需捆绑四肢,宜用柔软而不易滑脱的棉绳或布带,捆绑的位置应在踝关节以上部位,捆绑四肢的绳带应打活结(图 3-5),便于实验后的松解。

图 3-5 缚绳的扣结

豚鼠 豚鼠性情温和,胆小易惊,捉拿时先用手掌扣住豚鼠背部,用拇指和中指从豚鼠背部绕到腋下抓住豚鼠,个体较小的豚鼠可用一只手捉拿,个体较大者捉拿时宜用双手,另一只手托住其臀部(图 3-6)。

豚鼠的固定有徒手固定和手术台固定两种方法。

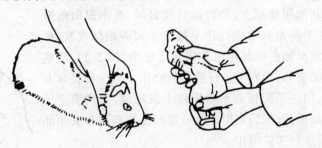

图 3-6　豚鼠的捉拿和徒手固定

家兔 捉拿时用右手将家兔两耳轻轻地压于手掌内,同时抓住颈背部的皮肤,轻轻将家兔提起,用左手托住其臀部或腹部,使其躯干的重量大部分集中在左手上(图 3-7)。家兔一般不咬人,但其爪锐利,挣扎时极易抓伤人。因此,必须防备其四肢的活动,特别注意不能只提家兔双耳或双后腿,也不能仅抓提腰背部皮毛,以避免造成耳、肾、腰椎的损伤或皮下出血。

图 3-7　家兔的捉拿

家兔的固定分为徒手固定、盒式固定、台式固定几种方法。

徒手固定可以用一只手抓住兔颈背部皮肤,另一只手抓住兔的两个后肢,然后固定在手术台上,另一人进行腹腔或肌内注射。还有一种方法是一人坐在凳子上,一只手抓住兔两耳及颈背部皮肤,大腿夹住兔的下半身,另一只手抓住兔的两前肢将其固定,另一人进行灌胃给药。家兔耳缘静脉注射时,可将兔放置在实验台上,一人控制住其四肢活动,另一人进行注射。

盒式固定是将兔固定在特制的兔盒内,只暴露出头部。这种固定方法常用于采血、耳缘静脉注射、兔脑内接种等实验操作。

需要进行手术时,可将家兔麻醉后仰卧位放置在兔手术台上,四肢用布带绑缚拉直,固定于手术台边的固定钩,头部用兔头固定夹固定于手术台柱上。

猫 捉拿猫时需要耐心和谨慎,可先轻声呼唤,慢慢将手伸入笼中,轻抚猫的头颈部,然后抓住其颈背部皮肤,从笼中拖出来,另一手抓住其腰背部皮肤。如遇性情凶暴的猫,不让接触或捉拿时,可用套网或布袋捕捉。操作时注意猫的利爪和牙齿,谨防被其抓伤或咬伤。

猫的固定方法基本同家兔的固定。

犬 犬的捉拿方法较多,常用的方法是用特制的长柄铁钳固定犬的颈部,然后将其嘴缚住,或者用皮革、金属丝、棉麻等制成的口网套在犬口部,再进行麻醉、运送、固定等操作。

慢性实验中犬的固定通常是用固定架固定的方法(图3-8),可进行体检、灌胃、取血、注射等操作。急性实验则是将犬麻醉后放在手术台上,固定头部和四肢,然后进行实验操作。

图 3-8 犬的固定架固定

3.2 动物手术的基本技术

动物实验的外科手术基本操作技术包括切开、分离、止血、插管、缝合、打结等,这些技术几乎在所有的动物外科手术中都要用到。

3.2.1 切开、分离和止血

切开 组织切开时首先要根据手术目的确定手术切口的部位和大小,如要进行气管插管应选择颈部正中皮肤,上起甲状软骨,下达胸骨上缘,切口长度约3~4cm。股部手术应选择股动脉明显的股三角区,切口长度约4~5cm。下腹部手术应选择耻骨联合上缘约0.5cm处,沿腹白线切开腹壁,长度视手术需要而定。长期动物实验选择切口时,还应注意选择易于敷料、导管包扎和固定的部位,避免手术后动物活动时被碰撞、摩擦而脱落。

其次,要根据不同部位的手术切口采用不同的执刀方法。如切开腹部、颈部或股部皮肤,应采用执弓式执刀法。切割短小的切口和一些精细的操作,应采用执笔式执刀法。向上挑开的操作,应采用反挑式执刀法。

切开动物的皮肤前,应先将动物的被毛剪去,剪毛范围略大于切口长度。为避免剪伤皮肤,可一手将皮肤撑平,另一只手持剪毛剪平贴于皮肤,逆着被毛的朝向剪,剪下的毛应及时放入盛水的杯中浸湿,以免到处飞扬。切开时用左手拇指和示指撑平皮肤,使切口部位的皮肤(或其他组织)拉紧,使其平坦、紧张、固定。刀刃与切开的组织要垂直,以一次性切开为佳。组织要逐层切开,并以按皮肤纹理或各种组织纤维的方向切开为佳。组织的切开还应选择无重要血管及神经横贯的地方,以免损伤血管和神经。

分离 组织分离的目的在于充分显露深层的组织或血管,便于其他手术操作。

组织分离要根据不同部位手术的需要采用不同的分离方法。常用的分离方法有两种,一种是用刀或剪作锐性分离,用割、剪的方式将组织分离,该方法常用于致密组织如皮肤、韧带、筋膜等的分离。一种是用止血钳、手指或刀柄等将组织推开或牵拉开的钝性分离,该方法多用于皮下组织、肌肉筋膜间隙等疏松组织的分离。分离要沿着组织间隙进行,这样易于分离,且出血少,视野干净、清楚。

肌肉的分离宜顺应肌纤维方向钝性分离,若需要横行切断分离,应在切断处上下端先夹两把止血钳,切断后立即结扎两断端,以防止肌肉中血管出血。神经、血管的分离宜顺应其平行方向分离,要求动作轻柔、细心,切忌横向过分拉扯,以防断裂。

止血 对组织切开、分离过程中所造成的出血必须及时止血,完善的止血不仅可以防止继续失血,还可以使手术野清楚地显露,有利于手术的顺利进行。一般的止血方法有压迫止血法、钳夹止血法、结扎止血法、药物止血法、烧烙止血法等。

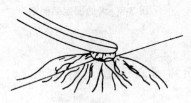

压迫止血法是用灭菌纱布或棉球压迫出血部位,多适用于毛细血管渗血,止血时将纱布或棉球用温热生理盐水浸湿拧干后,按压在出血部位片刻即可。对于较大血管的出血,可先用压迫止血法止血,然后再用其他方法止血。注意干纱布只能用来吸血和压迫止血,不可用来揩擦组织,以免造成组织损伤和使刚形成的血凝块脱落。

图 3-9 单纯结扎止血法

钳夹止血法是用血管钳的尖端垂直夹住出血血管端,小的血管出血经钳夹止血后,放松止血钳便不再出血,大的血管出血应钳夹止血后,再用结扎止血法止血。

结扎止血法为常用的、可靠的止血方法。结扎止血法又可分为单纯结扎止血法和贯穿结扎止血法两种。单纯结扎止血法是用丝线绕过止血钳所夹住的血管、组织进行结扎,适用于一般部位经压迫止血无效或较大血管出血的止血。将出血处用纱布压迫蘸吸后,迅速用止血钳尖端逐个夹住血管断端,要夹准、夹牢。结扎时先将血管钳尾竖起,将结扎线绕过钳夹点之下,再将钳放平后钳尖端稍翘起,打第一个结时,边扎紧边轻轻松开止血钳,完全扎紧后,再打第二个结(图 3-9)。贯穿结扎止血法是将结扎线用缝针穿过所钳夹组织(勿穿透血管)后结扎。常适用于大血管出血时防止结扎线脱落。其常用方法有 8 字缝合结扎法和单纯贯穿结扎法两种(图 3-10)。

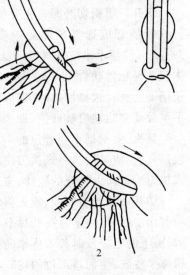

图 3-10 贯穿结扎止血法
1.8 字缝合结扎法
2. 单纯贯穿结扎法

其他止血方法还有药物止血法和烧烙止血法。药物止血是用 1%～2% 麻黄碱溶液或 0.005%～0.01% 肾上腺素溶液浸湿纱布或棉球,敷压出血处,使血管收缩而止血。烧烙止血常用电凝器或电刀直接烧灼血管断裂处,使血液凝固而达到止血,常用于渗血和小血管出血。该方法止血快,切口内不留结扎线,有利于手术后切口的恢复。

3.2.2 插管

插管包括气管插管、输尿管插管、血管插管等。

气管插管 在许多动物手术中,为了保持动物的呼吸道通畅,减少死亡率,常做气管插管。气管内插管还可用于气管内给药的治疗研究。

家兔、大鼠、小鼠等小动物需要气管插管时,常采用气管切开后插管。以家兔为例,操作方法如下:先将家兔麻醉,仰卧位固定于手术台上,颈部去毛后,用手术刀在颈部自甲状软骨下缘正中线向下做长约 3～5cm 的纵行切口,用血管钳或刀柄钝性分离筋膜和左、右胸骨舌骨肌,暴露气管。分离时,不可用力过大,以免损伤血管和气管。分离、止血后,再用组织钳将皮下组织、肌肉组织向颈部两侧拉开,充分显露气管,用血管钳在其下穿一条较粗的棉线备用。在暴露的气管中段第三或第四软骨环上切开气管管径的 1/3,用剪刀向头端作一纵向呈倒 T 形切口,此时气管内如有血液或分泌物,要用棉球或干纱布揩净,以保证呼吸道通畅,再用镊子夹住 T 形切口的一角,将合适口径的气管导管由切口向胸部方向插入气管腔内,用棉线在软骨环之间进行结扎,并将棉线固定于 Y 形气管导管分叉处,以防气管导管脱落。

特殊需要时也可根据选用的气管导管直径、插管后的留管用途及留管时间长短,选择不同的气管切口形状,如纵行、圆形、方形和椭圆形切口。

犬、猪等大动物的气管插管常采用经口腔的气管内插管,需要使用长气管气囊导管和喉镜,教学实验中少用。

泌尿系统插管 在动物实验中,常需要收集尿液标本用于检测尿液成分,或者因动物产生了尿潴留,需要及时排尿,这时需要进行泌尿系统插管。泌尿系统插管包括尿道插管、输尿管插管和膀胱穿刺插管。

尿道插管多适用于大动物如犬、猪等,可直接从动物尿道口插入导尿管到膀胱处,收集尿液或排尿。尿道插管可避免手术造瘘或穿刺等引起的创伤,操作也比较简单,但收集尿液不够及时和准确。

输尿管插管是指在动物的输尿管(单侧或双侧)内插入细塑料管以收集尿液的方法。插管前需将动物麻醉,仰卧位固定于手术台上,剪去被毛后,在耻骨联合上方沿正中线做皮肤切口,分离皮下组织,再沿腹白线剪开腹膜,暴露膀胱,将膀胱翻出腹外,在膀胱底部找到并分离两侧输尿管,在输尿管靠近膀胱处用细线结扎,另穿一细线打松结备用。略等片刻,待输尿管充盈后,提起结扎细线,在管壁上用眼科剪剪一小斜口,从斜口向肾脏方向插入口径适当的细塑料管,结扎固定,用量器收集或测定来自输尿管的尿液。在实验过程中,应用温湿的生理盐水纱布覆盖手术切口部位,以保持动物腹腔温度和脏器的湿润。

膀胱穿刺插管技术近年在临床上已广泛被采用,此法具有快速、方便、对尿道损伤小的优点,在犬、家兔等动物实验中也可采用。操作时先将动物麻醉,仰卧位固定于手术台上,剪去腹部正中线区域的被毛后,在耻骨联合上方准备穿刺点处用左手触摸并固定膀胱,右手持事先准备好的连有 5ml 注射器的 10cm 长的粗针头经皮刺入膀胱。入皮后针头应稍微改变角度,以免穿刺后漏尿。刺入时慢慢深入,边进针边抽吸,以抽出尿液为度。如一次抽不出尿液,需拔出针头重新刺入。抽到尿液后,用左手固定针头,取下针筒,再选 5 号儿童胃管经针头管道插入膀胱内,直到尿液从导管流出,然后轻轻拔出针头,留置和固定导管,将导管尾端加一静脉滴注夹,可以定时控制尿液的收集和排放。

血管插管　动物实验中往往需要反复采血、给药、输液等,因此要进行血管内插管。血管内插管操作方便,易于固定,通道维持时间长。动物实验中血管内插管最常选用的血管是颈总动脉、颈外静脉、股静脉、股动脉,这些血管分布较表浅,管径比较大,容易辨认。

颈总动脉位于气管两侧,其腹面被胸骨舌骨肌和侧面斜行的胸锁乳突肌遮盖。颈部皮肤切开后,分离胸骨舌骨肌和胸锁乳突肌之间的结缔组织,在肌缝下找到呈粉红色的血管,用手指触之有搏动感,即为颈总动脉。分离一段颈总动脉周围的结缔组织,注意勿损伤血管和神经,为了便于插管,颈总动脉应尽量分离得长一些。插管时先在颈总动脉下面穿两根结扎线,一根结扎颈总动脉远心端,一根备用,在离远心端结扎线2~3cm处,用动脉夹夹住近心端的血管,然后用左手拇指及中指拉住远心端结扎线头,示指从血管背后轻扶血管,右手持锐利的眼科剪,使之与血管呈45°角,在紧靠远心端结扎线处向心一侧,剪开动脉壁管径的1/3(最好一次剪成),将导管以其尖端斜面与动脉平行地向心脏方向插入动脉内,用备用结扎线扎紧导管并打结固定,防止导管滑脱,一切就绪,最后再打开动脉夹。颈总动脉插管主要用于测量颈总动脉血压或取血。

动物的颈外静脉较粗大(图 3-11),是头颈部的静脉主干,在颈部两侧皮下表浅部位。切开颈部皮肤后,用手指在皮肤外面向上顶起,即可见到呈暗紫色的颈外静脉,将静脉周围的皮下组织略做钝性分离,即可进行插管。与动脉插

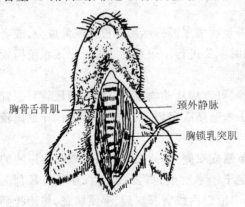

胸骨舌骨肌　　　　　　　颈外静脉

胸锁乳突肌

图 3-11　家兔的颈部解剖图

管不同的是,静脉插管应先用静脉夹夹住血管的近心端,待血管膨胀后再结扎远心端血管,这样便于剪口。插入方法与颈总动脉插管相同。颈外静脉插管可用于静脉给药、输液和测量中心静脉压。

动物股动脉和股静脉最表浅的部位在后肢内侧的股三角区。在皮肤切开前,先用手指在腹股沟下方触摸股动脉搏动,辨明血管走向,局部麻醉或全身麻醉后,再用手术刀以此为中点沿血管走行方向切开皮肤和皮下组织,切口长约 4~5cm,然后将切开、分离的皮肤向外侧拉开,即可见到浅层的缝匠肌和耻骨肌,股动脉、股静脉和股神经在此处同在一个血管神经束内。用血管钳在耻骨肌和缝匠肌交点处沿缝匠肌内侧缘轻轻地向上下分离,并将分离的缝匠肌向外拉开,其下方即可见深筋膜包围着的血管神经束,股静脉位于内侧,股动脉位于中间偏后,股神经位于外侧(图3-12)。用血管钳小心分离血管神经之间的结缔组织,并在需要插管的血管下穿两根结扎线备用。

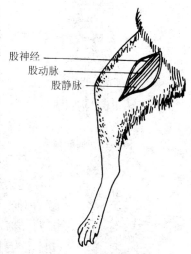

股神经
股动脉
股静脉

图 3-12　家兔的股部神经和血管

股动脉插管时,先将股动脉近心端用动脉夹夹住,阻止血流,远心端用线结扎,牵引此线,在贴近远心端结扎处剪开血管,向心插入动脉导管,结扎固定即可。股静脉插管时,方法基本与股动脉插管相同,但因静脉于远心端结扎后静脉塌陷呈细线状,较难插管,可试用静脉充盈插管法,即在股静脉近心端用静脉夹夹住,活动肢体使股静脉充盈,再将股静脉远心端结扎,近心端结扎线打一活扣,待剪口插入导管后,迅速扎紧固定。

血管插管前,导管内要根据实验需要充满抗凝溶液或生理盐水,并连接在三通管或其他实验装置上。确认通畅无误后,将导管暂时夹(关)闭,插入完成后再打开。

3.2.3　缝合和打结

缝合　常用的手术缝合方法有间断缝合(结节缝合)、褥式缝合、连续缝合、荷包缝合等。

间断缝合是将缝线穿过切口两侧边缘即行打结,常用于皮肤、皮下组织、黏膜或筋膜的缝合(图3-13)。

褥式缝合有垂直和平行两种,为两个相反方向而连接的间断缝合,可使切口边缘外翻,常用于松弛部位的皮肤缝合或血管缝合(图3-14)。

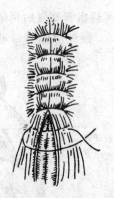

图 3-13　间断缝合

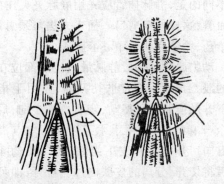

图 3-14　褥式缝合(垂直、平行)

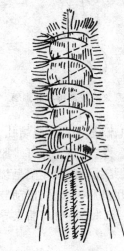

图 3-15　连续缝合

连续缝合从切口的一端开始,先做一间断缝合,不剪断线,用同一缝线做连续缝合至切口的另一端再行打结。在最后打结时,缝合针穿出后线头应留在最后一个结节的另一边,作为打结用。连续缝合常用于腹膜及胃肠道吻合口内层缝合(图 3-15)。

荷包缝合即做环状的浆肌层连续缝合,常用于胃肠小的造口包埋,使之内翻缝合。

手术缝合时应注意以下问题:

(1) 缝合前应彻底止血,并清除缝合口内的血凝块及游离组织,必要时加以冲洗。

(2) 缝合时缝合针穿入或穿出组织应与该组织表面相垂直。

(3) 缝合针入孔和出孔距皮肤切口边缘一般为 0.5～1.0cm,距筋膜等其他组织为 0.2～0.5cm。

(4) 两边针孔要对称,缝线不要过紧、过密,以切口能对合严密为度,以利切口边缘血循环。

(5) 深切口需按原解剖层次对合缝合。线结应位于切口的同一侧。

(6) 缝合皮肤后,应用有齿镊对合切口,切勿使切口皮肤边缘内翻,影响切口愈合。

打结　正确而牢固的打结是结扎止血和缝合的重要环节,熟练地进行打结可缩短手术时间。

正确的扣结种类包括方结、外科结、三重结,不正确的扣结有假结、滑结,假结和滑结是打结中最忌讳的,必须避免(图 3-16)。

方结一般用于结扎止血和各种缝合的结扎。结扎时两端必须用力均匀,避免形成滑结。

外科结在结扎第一道时,两线重复交叉两圈,结扎第二道时如同打方结。这种结因第一道结线绕了两圈,磨擦面增大,不易松开。外科结常用于结扎大血管。

三重结主要用于重要组织和大血管的结扎,是在方结的基础上再增加一道结扎。

常用的打结方法有单手打结法和止血钳打结法(图 3-17、18)。

单手打结法适用于各部位的打结,操作简便,速度快。

止血钳打结法适用于浅部缝合的结扎、深部狭小手术野的结扎及某些精细手术的结扎。

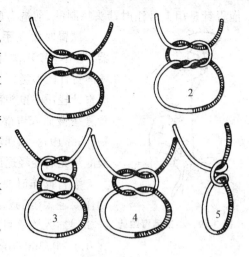

图 3-16 结的种类
1. 方结 2. 外科结 3. 三重结 4. 假结 5. 滑结

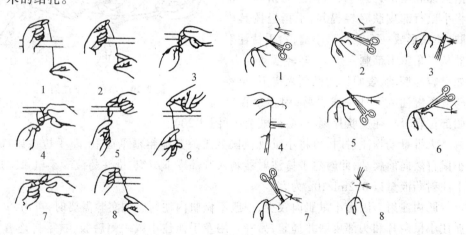

图 3-17 单手打结法　　　　图 3-18 止血钳打结法

结扎止血或缝合后的结扎线均需剪短,一般丝线头留 1～2mm 即可。正确的剪线方法是用张开的线剪刀尖沿着拉紧的结扎线滑至扣结处,再将剪刀稍向上倾斜一些,然后剪断,倾斜的角度取决于要留的线头长短。

3.3 实验动物的给药方法

3.3.1 小鼠的给药方法

灌胃 小鼠灌胃应使用灌胃器,小鼠的灌胃器由灌胃针连接 1ml 注射器组成。

灌胃针是用大号注射针头特制的,前端有磨钝的圆头,针长约 5cm。

图 3-19 小鼠灌胃给药

灌胃时用左手固定小鼠,使其腹部向上。右手持灌胃器,先沿体壁用灌胃针测量口角至胃部之间的长度,作为插入灌胃针的参考深度。操作时将灌胃针经口角插入口腔,用灌胃针轻压小鼠头部,使口腔与食管成一直线,再将灌胃针沿食管缓慢插入胃部 2~3cm,如小鼠呼吸无异常,即可注入药物(图 3-19)。如遇阻力或动物憋气时,则应取出重新插入,药液灌注完后轻轻退出灌胃针。

灌胃操作时要固定好小鼠,使之头部与颈部保持平展,动作要轻柔、细致,切忌粗暴,以免损伤食管及膈肌。灌胃针如误插入气管可致动物立即死亡。小鼠每次灌胃量控制在 0.1~0.3ml/10g。

皮下注射 小鼠的皮下注射部位通常选择在背部。注射时一人双手分别捏住小鼠头部和尾部,另一人以左手拇指和中指将小鼠背部皮肤轻轻提起,示指轻按其皮肤,使其形成一个三角形小窝,右手持注射器从三角窝下部刺入皮下,轻轻摆动针头,如果容易摆动,表明针尖已刺入皮下,可将药液缓慢注入。针头拔出后,用左手在针刺部位轻轻捏住皮肤片刻,以防药液流出(图 3-20)。

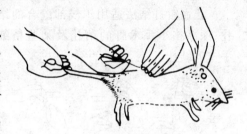

图 3-20 小鼠皮下注射

大批量动物注射时,可将小鼠放在鼠笼盖或其他粗糙平面上,左手拉住尾部,小鼠自然向前爬动,此时右手持注射器刺入背部皮下组织,推注药液。小鼠每次皮下注射药液量以 0.2ml/10g 为宜。

肌内注射 因为小鼠肌肉较少,一般不做肌内注射。如实验需要时,可由一人抓住小鼠两耳和头部皮肤并提起,另一人用左手抓住小鼠一侧后肢,右手持连有 4 号针头的注射器,将针头刺入大腿后肢外侧肌肉内,注入药液。小鼠一侧肌内注射药液量不应超过 0.1ml。

腹腔注射 腹腔注射时,用左手拇指和示指抓住小鼠头颈部的皮肤,手掌呈杯状紧握鼠背,使其腹部皮肤伸展,同时用小指压住鼠尾,固定好动物,使小鼠腹部向上,头呈低位。右手持连有 5 号针头的注射器,在小鼠左侧距下腹部腹中线 2mm 的位置刺入皮下,沿皮下向前推进 3~5mm,然后以 45°角刺入腹腔,针尖穿过腹肌后有抵抗力消失的感觉,固定针头,缓慢注入药液(图 3-21)。小鼠每次腹腔注射药液量为 0.1~0.2ml/10g。

静脉注射 小鼠的静脉注射一般采用尾静脉注射。小鼠尾部血管在背侧、腹侧及左右两侧均有集中分布,在这些血管中四根十分明显,背侧和腹侧各有一根动脉,两侧各有一根静脉,两侧尾静脉比较容易固定。静脉给药时,先将小鼠固定在小鼠固定器内或扣在烧杯中,使其尾巴外露,尾部用温水浸泡或用酒精擦拭,使血管扩张和表皮角质软化,然后将尾部向左或右边拧90°角,使一侧尾静脉朝上,用左手示指和中指夹住鼠尾根部,使静脉充盈,用环指从下面托起尾巴,用拇指和小指夹住鼠尾末梢,右手持连有4号或5号针头的注射器从尾下1/3处进针,刺入后先推注少量药液,如无阻力,表明针头已进入静脉,可继续注射。小鼠每次尾静脉注射药液量

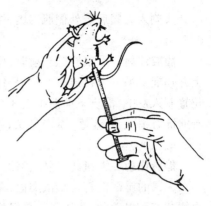

图 3-21　小鼠腹腔注射

为0.05～0.25ml/10g。注射完毕后将鼠尾向注射侧弯曲以止血。如需要反复注射,应尽可能从尾末端开始,以后逐步向尾根部方向移动。

小鼠的给药方法还有皮内注射、脑内注射、脚掌注射、涂布给药、呼吸道给药等,在科研实验中可以使用。

3.3.2　大鼠的给药方法

灌胃　大鼠的灌胃与小鼠相似。用左手徒手固定大鼠,使大鼠伸开两前肢,手掌握住大鼠背部,右手持灌胃器,沿体壁用灌胃针测量口角至最后肋骨之间的长度,约为插入灌胃针的深度。灌胃时从大鼠口角插入灌胃针至口腔内,然后用灌胃针压住其舌部,使口腔与食管成一直线,再将灌胃针沿上腭壁轻轻进入食管,为防止将药液注入气管,注药前应先回抽注射器针栓,无空气逆流说明灌胃针不在气管内,方可注入药液。大鼠每次的灌胃量为1～2ml/100g。

大鼠的灌胃器由5～10ml注射器连接6～8cm长的特制灌胃针组成。

皮下注射　大鼠皮下注射的部位通常选择在左侧下腹部或后肢外侧皮下。注射时轻轻提起注射部位的皮肤,将注射针头刺入皮下,一般先沿纵轴方向刺入皮肤,再沿体轴方向将注射针头推进1cm左右,若左右摆动针尖很容易,则表明已刺入皮下,轻轻抽吸无回流物,即可缓慢注射药液。注射完拔出针头后,稍微用手指压一下注射部位,以防止药液外漏(图3-22)。大鼠每次皮下注射量不超过1ml/100g。

肌内注射　大鼠肌肉较少,一般不做肌内注射。如实验需要时,可由一人徒手固定住大鼠,另一人用左手抓住大鼠一侧后肢,右手持连有5号针头的注射器,

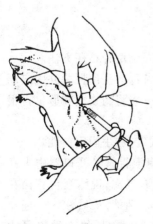

图 3-22　大鼠皮下注射

将针头刺入大腿后肢外侧肌肉内,注入药液。大鼠一侧肌内注射药液量不应超过0.5ml。

腹腔注射　大鼠腹腔注射时,可一人徒手固定住大鼠,使其头部向下、腹部向上并伸展。另一人持连有 5~6 号针头的注射器,在距下腹部腹中线左侧 2mm 的位置刺入皮下,沿皮下向前推进 3~5mm,然后以 45°角刺入腹腔,针尖穿过腹肌后有抵抗力消失的感觉,固定针头,缓慢注入药液。大鼠每次腹腔注射药液量为1~2ml/100g。

静脉注射　大鼠的静脉注射通常选择尾静脉和舌下静脉。

大鼠的尾部血管与小鼠类似,在背侧、腹侧及左右两侧均有集中分布,背侧和腹侧各有一根动脉,两侧各有一根静脉,两侧尾静脉比较容易固定。大鼠尾部皮肤呈鳞片状角质化,因此注射前需要用酒精棉球擦拭,使血管扩张和表皮角质软化,然后将尾部向左或右边拧 90°角,使一侧尾静脉朝上,用左手拇指和示指捏住鼠尾两侧,用中指从下面托起尾巴,用环指和小指夹住鼠尾末梢,右手持连有 5 号针头的注射器从尾下 1/4 处进针,刺入后先推注少量药液,如无阻力,表明针头已进入静脉,可继续注射。如需要反复注射,应尽可能从尾末端开始,以后逐步向尾根部方向移动。

大鼠的舌下静脉较明显,可用于静脉注射给药。注射前先将大鼠麻醉,仰卧位固定在大鼠手术台上,用血管钳拉出舌头,可以看到两条清晰的舌下静脉,可用连有 4 号注射针头的注射器直接注入药液,或以儿童用头皮静脉针插入后用静脉夹固定,建立起稳定的给药通道。

大鼠每次静脉注射药液量以 0.5~1ml/100g 为宜。

大鼠的给药方法还有皮内注射、阴茎静脉注射、脑内注射、涂布给药、呼吸道给药、鼻内给药等,在科研实验中可以使用。

3.3.3　豚鼠的给药方法

经口给药　豚鼠的经口给药可分为固体药物和液体药物两种给药方法。

给予固体药物时,可将豚鼠放在实验台上,用左手从背部向头部握紧并固定动物,用右手拇指和示指压迫豚鼠的左右口角使其张口,另一人将药物放在豚鼠舌根处,让其迅速闭口而自动咽下。

给予液体药物时,由一人用左手将豚鼠腰部和后腿固定,右手固定前腿。另一人将灌胃管沿豚鼠上腭壁插入食管,也可用木制开口器将灌胃管经开口器中央孔插入胃内,然后回抽连在灌胃管上的注射器,如注射器内有气泡,说明灌胃管插在气管内,必须拔出重插。证实灌胃管确在胃内,再慢慢注入药液,最后注入生理盐水 1~2ml,将管内残留的药液冲出,以保证投药量的准确。豚鼠每次灌胃量为1.5~2ml/100g。

皮下注射　豚鼠的皮下注射一般选择豚鼠大腿内侧面、颈背部等皮下脂肪少的部位。大多数情况下是在大腿内侧面注射,注射前先将豚鼠固定在手术台上,左手提起注射侧后肢的皮肤,右手持连有 6 号针头的注射器,以 45°角将针头刺入皮下,确定位置正确后缓缓注入药液。注射完毕拔出针头后,用手指压住并轻揉刺入部位少许时间。豚鼠每次皮下注射量不超过 1ml/100g。

腹腔注射 豚鼠腹腔注射时,应用左手固定好豚鼠,使其头部向下、腹部向上并伸展。右手持连有 5～6 号针头的注射器,在下腹部偏左侧处进针,针头刺入皮下后,向前推进 3～5mm,再以 45°角刺入腹腔,针尖穿过腹肌后有抵抗力消失的感觉,固定针头,缓慢注入药液。豚鼠每次腹腔注射药液量不超过 4ml。

肌内注射 豚鼠肌内注射的部位一般选择后肢大腿外侧。注射时先将豚鼠放在实验台上,一人固定豚鼠,另一人用左手拉开后肢,右手进行注射。注射时宜选用 5 号针头,每侧腿注射药液量不超过 0.5ml。

静脉注射 豚鼠的静脉注射常选用耳缘静脉。注射前一人用拇指和示指夹住豚鼠耳翼并压住其头部,右手按住豚鼠腰部,另一人用酒精棉球涂擦耳部边缘静脉,使静脉充血,然后用左手示指和中指夹住耳缘静脉近心端,拇指和环指绷夹耳边缘远心端,使耳边缘平直,待静脉充分扩张后,右手持连有 5 号针头的注射器,从静脉远心端顺血管平行方向刺入 1cm,放松对耳根部血管的压迫,固定针头,缓缓注入药液。注射完成后用干棉球压迫针眼数分钟止血。豚鼠每次静脉注射量不超过 2ml。

豚鼠的给药方法还有皮内注射、外侧跖静脉注射、脑内注射、脚掌注射、涂布给药等,在科研实验中可以使用。

3.3.4 家兔的给药方法

灌胃 家兔的灌胃有两种方法。若有兔固定盒,可一人操作。将家兔放在固定盒中固定好,将开口器放在家兔口中,取 14 号导尿管经开口器中央小孔插入,插入约 15～18cm 时,即进入胃内,将药液注入。

如无兔固定盒,则需要两人合作。一人就坐,将家兔的躯体和后肢夹于两腿之间,左手抓住双耳固定其头部,右手抓住其两前肢。另一人将开口器横放在家兔口中,将兔舌压在开口器下面,然后将 14 号导尿管自开口器中央的小孔插入,慢慢沿上腭壁插入食管约 15～18cm。插管完毕将导尿管的外口端放入烧杯中,切忌伸入水过深,如有气泡逸出,说明不在食管内而是在气管内,应拔出来重插。如无气泡逸出,则可将药液推入,并用少量清水冲洗胃管,以保证管内药液全部进入胃内。随后捏闭导尿管外口,抽出导尿管,取出开口器(图 3-23)。家兔每次的最大灌胃量为 80～150ml。

皮下注射 家兔的皮下注射一般选择背部或腿部。注射时用左手拇指和中指将注射部位的皮肤提起,使之形成皱褶,用示指压迫皱褶的一端,使之形成三角形,增大皮下空隙。右手持连有 6 号针头的注射器自皱褶下刺入。证实在皮下时,松

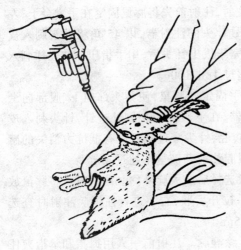

图 3-23 家兔灌胃给药

开皱褶,将药液注入。家兔每次皮下注射的给药量为 1~3ml。

腹腔注射 家兔进行腹腔注射时需两人合作,一人徒手固定家兔,使其腹部朝上,头低腹高,另一人持连有 6 号针头的注射器在距离腹白线左侧 1cm 处刺入皮下,然后将针头向前推进 5~10mm,再以 45°角穿过腹肌,固定针头,缓缓注入药液。

肌内注射 家兔的肌内注射一般选择后肢的大腿部。注射时一人徒手固定好家兔,一人持连有 6 号针头的注射器,使注射针头与肌肉呈 60°角刺入,回抽针栓,若无回血则可将药液注入。家兔每次一侧肌内注射量不要超过 1ml。

静脉注射 家兔一般采用耳缘静脉注射(图 3-24)。耳缘静脉沿耳背后外缘行走,较表浅,用酒精棉球擦拭或用水湿润局部,血管即显现出来。注射时先将家兔固定好,用左手示指和中指夹住耳缘静脉近心端,拇指和环指绷夹耳边缘远心端,使耳边缘平直,待静脉充分扩张后,右手持连有 5 号或 6 号针头的注射器,从静脉远心端刺入血管内(第一次进针点要尽可能靠远心端,以便为以后的进针留有余地),顺着血管平行方向深入 1cm,放松对耳根部位血管的压迫,左手拇指和示指移至针头刺入部位,固定针头与兔耳,缓慢注射药液。若注射阻力较大或出现局部肿胀,说明针头没有刺入静脉,应拔出针头,在原注射点的近心端重新刺入。

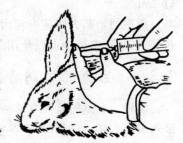

图 3-24 家兔耳缘静脉注射

注射完毕后拔出针头,用干棉球压住针刺孔止血。若实验过程中需要补充麻醉药或实验用药,也可不拔出针头,而用动脉夹将针头固定在兔耳上,只拔下注射器,用一根与针头内径吻合且长短适宜的针芯插入针头小管内,防止血液流失或凝固,以备下次注射时使用。也可以直接用头皮静脉针固定后使用。

家兔的给药方法还有皮内注射、椎管内注射、椎动脉注射、关节腔内注射、直肠给药、涂布给药等,在科研实验中可以使用。

3.3.5 猫、犬的给药方法

猫和犬的给药方法也有经口给药、皮下注射、肌内注射、腹腔注射、静脉注射等,基本操作与家兔给药方法相似。由于猫和犬在教学实验中较少使用,在此不再赘述,需要时可参考有关专著。

3.3.6　蛙类的给药方法

蛙类的给药通常采用淋巴囊注射和静脉注射。

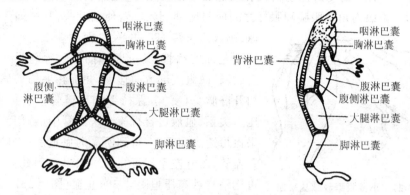

图 3-25　蛙的淋巴囊

淋巴囊注射　蛙类全身皮下分布有咽、胸、背、腹侧、腹、大腿和脚七个淋巴囊(图 3-25),注射药物易被吸收。淋巴囊注射多选用腹部淋巴囊给药,注射时将针头从蛙的大腿上端刺入,经大腿肌层进入腹壁肌层,再进入腹部淋巴囊,注入药液。有时也可采用胸部淋巴囊给药,将针头刺入口腔,穿过下颌肌层进入胸部淋巴囊内,注入药液。淋巴囊注射每次最大注射量为 1ml。

静脉注射　将蛙或蟾蜍的脑和脊髓破坏后,仰卧固定在蛙板上,沿腹中线稍左侧剪开腹肌,可见到腹静脉贴着腹壁肌肉下行。注射时用左手拇指和示指捏住腹壁肌肉,稍向外拉,中指顶住腹壁肌肉,右手持注射器,针头沿血管平行方向刺入,注入药液(图 3-26)。

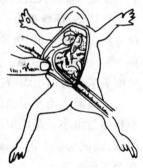

图 3-26　蟾蜍腹静脉注射

3.4　实验动物的采血方法

实验动物的采血方法很多,按采血部位不同,可分为尾部、耳部、眼部、心脏、血管采血等。选择什么部位和使用何种方法采血,需要视动物种类、实验方法及所需采血量而定。

3.4.1　小鼠、大鼠的采血方法

眼眶静脉丛(窦)采血　小鼠眼眶后面为静脉窦,大鼠眼眶后面为静脉丛。当

实验需要多次重复采血时,多使用本方法。准备好内径为 1.0～1.5mm 的毛细玻璃管,临用前折成 3～4cm 长的管段,浸入 1% 肝素溶液中,取出干燥。用麻醉乙醚将动物浅麻醉。取血时,左手抓住鼠颈背部的皮肤,使头部固定,一侧眼睛向上,轻轻向下压迫颈部,引起头部静脉血液回流困难,眼球充分外突,眼眶静脉充血,右手持连有 7 号针头的 1ml 注射器或肝素化的毛细玻璃管,在泪腺区域内使之与鼠眼呈 45°角,由眼内角在眼睑和眼球之间向眼底部刺入。若使用针头,其斜面先向眼球,刺入后再转 180°角,使斜面对着眼眶后界。若使用毛细玻璃管,其折断端插入眼睑与眼球之间后,轻轻向眼底部方向移动,并旋转毛细玻璃管以切开静脉丛(窦)。保持毛细玻璃管水平位,由于压力关系,血液可自行流入采血管中(若用注射器采血可适当抽吸)。得到所需的血量后,立即拔出采血管,松开左手即可止血。如果穿刺处有出血,可用消毒纱布压迫眼球 30s 止血(图 3-27)。

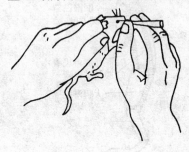

图 3-27 小鼠眼眶静脉丛采血

眼眶静脉丛(窦)采血若手法正确,小鼠每次可采血 0.2～0.3ml,大鼠每次可采血 0.4～0.6ml,左右眼可交替反复采血,间隔 3～7d 采血部位大致可以修复。

眼眶动、静脉采血 眼眶动、静脉采血实际上就是用摘除眼球的方法采血,这种方法多用于小鼠,所采血液为眼眶动脉和静脉的混合血,一般可取相当于动物体重 4%～5% 的血液量。用毕动物即死亡,只适用于一次性采血。这种方法可以避免断头采血时因组织液混入所导致的溶血现象。

采血时先用左手抓住小鼠的颈部皮肤,取侧卧位轻压在实验台上,左手拇指和示指尽量将小鼠眼周围的皮肤向后压,使动物眼球突出、充血,用止血钳迅速摘除眼球,将鼠头朝下倒置,眼眶内很快流出血液,将血滴入加有抗凝剂的玻璃器皿内,直至不流血为止。

断头采血 这是最简便的一种小鼠采血方法。采血时抓住小鼠,用剪刀剪掉头部,立即提起小鼠使颈部向下,对准已准备好的容器(内放抗凝剂),血液迅速滴入容器内即可(图3-28)。此种采血方法的缺点是可能会有溶血现象。

图 3-28 小鼠断头采血

尾静脉采血 当需要采集少量血液时,常用尾静脉采血的方法,该方法适用于大、小鼠的采血。采血时可先将鼠尾置于 45～50℃ 的热水中浸泡数分钟,或者用酒精棉球反复擦拭,使尾部血管扩张,擦干后剪去尾尖(小鼠约 1～2mm,大鼠约 5～10mm),血即自动从尾尖流出,让血液滴入容器或直接用吸管吸取。如需要多次采血,可每次将鼠尾剪去一小段,采血后用棉球压迫止血。对于大鼠,也可以用切开尾静脉或针刺尾静脉的方法采血。

心脏采血 大鼠和小鼠因为心脏搏动快,心腔较小,位置较难确定等原因,较少使用心脏采血的方法。需要时可左手抓住鼠颈背部皮肤,右手持连有 5 号针头的注射器,在心尖搏动最明显处刺入心室,抽吸血液。也可以从上腹部刺入,穿过膈肌,刺入心室采血。采血时动作要轻柔,否则可能造成动物迅速死亡。

动、静脉采血 大鼠和小鼠可以从颈动(静)脉、股动(静)脉或腹主动脉等血管采血。在这些部位采血均需先麻醉动物,固定后做血管分离手术,充分暴露血管后,用注射器沿血管平行方向刺入,抽取所需血量,也可直接用剪刀剪断血管取血,但在剪断动脉时要注意血液喷溅。

3.4.2 豚鼠的采血方法

股动脉采血 将豚鼠仰卧位固定于手术台上,剪去股三角区的被毛,局部麻醉后,切开长约 2～3cm 的皮肤,暴露及分离股动脉,穿线后提起股动脉,结扎远心端,用动脉夹夹住近心端,在动脉中央剪一小口,插入硅胶管,放开动脉夹,血液即从管口流出,一次可采血 10～20ml。也可向暴露的股动脉直接穿刺采血,但易造成出血或采血失败,不如插管稳妥。

背跖静脉采血 背跖静脉有外侧背跖静脉和内侧背跖静脉两根。采血时先固定豚鼠,将其右或左后肢膝关节拉直,找出背跖静脉后,以左手的拇指和示指拉住豚鼠的趾端,右手持注射器刺入静脉采血。拔针后会立即出血,并可见刺入部位呈半球状隆起,应用纱布或棉球压迫止血。反复采血时,两后肢宜交替使用。

心脏采血 豚鼠心脏采血的方法基本同大、小鼠心脏采血。先将豚鼠固定,腹部向上。操作者用左手在胸骨左侧摸到心脏搏动处,选择搏动最明显的地方进针,一般在第 4～6 肋间。针头刺入心脏后即可采血,采血应快速,以防血液在管内凝固。如认为针头已刺入心脏但不能采出血时,可将针头稍稍退回一点。切忌针头在胸腔内左右摆动,以防损伤心脏和肺而致死。用此法采血量较大,可反复采血,但需技术熟练。

3.4.3 家兔的采血方法

耳中央动脉采血 家兔耳中央有一条较粗、颜色较鲜红的中央动脉,采血时用左手固定兔耳,右手持连有 6 号针头的注射器,在中央动脉的末端沿动脉平行地向心脏方向刺入动脉,即可抽血。注意不要在近耳根部进针,因为家兔耳根部组织较厚,血管游离,位置较深,易刺透血管造成皮下出血。采血后用棉球压迫止血。

家兔耳中央动脉易发生痉挛性收缩,因此采血前应让兔耳充血,并赶在动脉扩张、未发生痉挛性收缩前立即抽血。若针头刺入后尚未抽血,血管已发生痉挛性收缩,应将针头放在血管内固定不动,待痉挛消失、血管扩张后再抽。血管痉挛时强行抽血,会导致管壁变形,针头易刺破管壁,形成水肿。

耳缘静脉采血 家兔耳缘静脉采血的部位和姿势与耳缘静脉注射相同。固定家兔后,选择静脉较清晰的部位,用酒精棉球涂搽局部,或用手指压迫耳根部,使血管扩张,持连有 6 号针头的注射器沿耳缘静脉向心脏方向刺入,即可采血。也可以用刀片在血管上切一小口,让血液自然流出。采血后用棉球压迫止血。

颈动脉采血 当需要大量、定时采血时可选择颈动脉采血。颈动脉采血即做一颈动脉插管,用动脉夹或三通管控制动脉导管的开启与关闭。根据实验的需要可反复取血,方便而准确。缺点是该动物只能利用一次。

心脏采血 家兔的心脏采血一般不需要手术,方法比较简单,所以也较常用。采血时将家兔仰卧位固定,用左手触摸左侧第 3~4 肋间,选择心脏搏动最明显处,一般在胸骨左缘外 3mm 处将注射针头垂直刺入第 3~4 肋间隙。当针头刺入心脏位置正确时,由于心脏搏动的力量,血液会自动进入注射器,也可以抽吸。采血过程中如家兔挣扎、躁动或抽吸不顺时,应拔出注射器,重新确定位置后再次刺入采血。

猫、犬等动物在教学实验中很少使用,在此不再介绍其采血方法,需要时可参考有关专著。

3.5 实验动物的安乐死方法

安乐死是动物实验中用来处死动物的一种手段,这是从人道主义和动物保护的角度,在不影响实验结果的同时,尽快让动物无痛苦死去的方法。实验动物安乐死常用的方法有颈椎脱臼法、空气栓塞法、大量放血法、断头法、药物法等,选择哪种安乐死方法,应根据动物的品种、实验的目的和要求等来确定。

颈椎脱臼法 颈椎脱臼法就是将动物的颈椎脱臼,使脊髓与脑髓断开,致使动物无痛苦死亡。由于颈椎脱臼法既能使动物很快丧失意识,减少痛苦,又容易操作,同时,动物内脏未受损坏,脏器可以用来取样,所以被认为是一种很好的动物安乐死方法。颈椎脱臼法最常用于小鼠、大鼠,也可用于豚鼠和家兔。

小鼠颈椎脱臼的方法是用左手拇指和示指压住小鼠的头后部,右手抓住小鼠尾巴,迅速用力向后牵拉,使之颈椎脱臼死亡。大鼠颈椎脱臼的方法基本与小鼠的方法相同,但需要较大的力气,并且要抓住大鼠尾根部(尾中部以后的皮肤容易拉脱),最好旋转用力拉。

豚鼠颈椎脱臼的方法是先用左手稳准、迅速地扣住其背部,抓住其肩胛上方,用手指紧握住颈部,用右手紧握住其两条后腿,向后旋转用力拉。

家兔颈椎脱臼时一般需要两人,一人用两手在兔耳后抓紧其头部,另一人用双手紧紧握住其两条后腿,然后同时旋转用力拉。

空气栓塞法 空气栓塞法是将一定量的空气由静脉迅速注入动物循环系统内,使动物因发生栓塞而死亡。当空气注入静脉后,可随着心脏的搏动与血液相混合,使血液呈泡沫状并流入全身各处。空气进入肺动脉可阻塞其分支,进入冠状动脉可造成其阻塞,产生严重的血循环障碍,动物很快死亡。空气栓塞法主要用于较大动物的安乐死,如家兔、猫、犬等。一般家兔、猫需要注入空气 10~20ml,犬需要注入空气 70~150ml。

大量放血法 所谓大量放血法就是一次性放出动物大量的血液,致使动物死亡的方法。此种方法致死可使动物痛苦少,同时对脏器无损伤,因此也是动物安乐死常选用的方法之一。小鼠、大鼠可采用摘除眼球,由眼眶动脉放血致死,豚鼠、家兔可采用心脏一次性大量抽血致死。如果已经给动物做了颈动脉或股动脉插管手术,则在实验结束后,先用动脉夹夹住动脉,拔出动脉导管,然后在水池中打开动脉夹,大量放血并不断用自来水冲刷出血口,直至动物失血死亡。

断头法 断头法是指用剪刀在动物颈部将其头剪掉,使其大量失血而死亡。断头法看起来很残酷,但因为是一瞬间的过程,动物痛苦时间不长,并且脏器含血量少,便于采样检查,所以也是安乐死的一种方法。断头法适用于小鼠和大鼠的安乐死。蛙类可断头,也可用金属探针经枕骨大孔破坏脑和脊髓致死。

药物法 药物法安乐死可根据给药途径的不同分为吸入法和注射法两种。吸入法是将有毒的气体或挥发性麻醉剂让动物经呼吸道吸入体内而致死,常用于小动物的安乐死。常用的气体和麻醉剂有 CO_2、CO、乙醚、氯仿等。注射法是将药物直接注入动物体内(一般为静脉注射),使动物致死。常用于较大动物如家兔、猫、犬等的安乐死。常用的药物有 10% 氯化钾、巴比妥类麻醉药等。10% 氯化钾的用量约为每只动物 10~20ml,巴比妥类麻醉药的用量为麻醉剂量的若干倍。

4　实验常用手术器械和仪器设备

4.1　动物手术器械

　　动物实验中常用的手术器械包括手术刀、手术剪、手术镊、血管钳、组织钳、持针钳、血管夹、缝合针等，这些器械大多数都是选用人用外科手术器械，少部分是家用或特制器械。

　　手术刀　动物实验中的手术刀多用来切开皮肤和组织。手术刀由刀片和刀柄两部分组成。刀片按形状分为圆刃、尖刃和弯刃三种，圆刃刀用来切开皮肤和其他软组织，尖刃刀用来做精细的切割，弯刃刀用来做空腔器官、脓肿等的切开。刀柄的末端刻有号码，常用的有4号和7号，使用时刀体和刀柄要选配适当。刀片安装时用持针钳夹住刀片前端背侧，将刀片的缺口对准刀柄前部的刀楞上，稍用力向后拉即可装上。使用后用持针钳夹住刀片尾部背侧，稍用力提起刀片向前推即可卸下。

　　正确的执刀方法有四种(图4-1)。执弓式是最常用的一种执刀方式，操作范围大，适用于切开腹部、颈部和股部的皮肤。执笔式适用于切割短小的切口，用于轻柔而精细的操作。握持式适用于切割范围较广、用力较大的操作，如截肢、切开较长的皮肤切口等。反挑式适用于向上挑开的操作，可避免损伤深部组织。

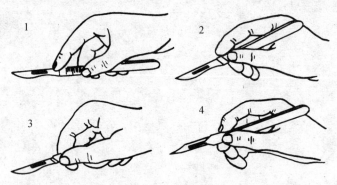

图4-1　执刀方法
1.执弓式　2.执笔式　3.握持式　4.反挑式

　　手术剪　手术剪分为组织剪和线剪两大类，尺寸有大小之分。组织剪刀薄、锐利，有直、弯两型。直剪前端较圆薄，在动物实验中常用来剪皮肤、皮下组织和肌肉；弯剪则用来剪动物体毛。线剪前端直而尖，常用来剪缝线和敷料。另外，还有一种小型手术剪为眼科剪，眼科剪专用来剪神经、血管等细软组织，不可用来剪其他东西,以免钝化刀刃。

正确的执剪姿势如图 4-2 所示,用拇指和环指分别扣入剪刀柄的两环,中指放在环指的剪刀柄上,示指压在轴节处起稳定和导向作用。

粗剪刀 粗剪刀通常为市售的杭州剪,在动物实验中主要用来剪动物的皮肤、骨头等粗硬组织。

手术镊 手术镊分为有齿镊(也称外科镊)与无齿

图 4-2 执剪姿势

镊(也称解剖镊)两种,尺寸有大小之分。有齿镊的前端有小钩齿,可以互相咬合,用于夹持较坚韧的组织如皮肤、筋膜、肌腱等,使其不易滑脱,对组织有一定的损伤作用。无齿镊的前端无钩齿,内有横纹,用于夹持细软组织,如血管、神经、黏膜等,对组织的损伤作用较轻微。

正确的执镊方法如图 4-3 所示,以拇指对示指和中指,用力适当地执持。

血管钳 血管钳也称止血钳,形状有直、弯两类,尺寸有大小之分。止血钳除用于止血外,还可以用来分离和夹持组织等。直血管钳多用于浅部组织止血和组织分离,弯血管钳多用于深部组织的止血和组织分离。对于精细的手术和细小的出血点,则需要用蚊式止血钳。

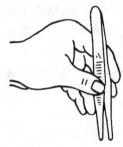

图 4-3 执镊方法

执血管钳的姿势与执剪姿势相同。开放血管钳的手法是利用右手已套入血管钳环口的拇指与环指相对挤压,继而以旋开的动作开放血管钳。

组织钳 组织钳又称鼠齿钳、Allis 钳,头端有一排细齿,弹性较好。组织钳主要用于夹持皮肤、筋膜或即将被切除的组织器官。执组织钳的姿势与执剪姿势相同。

持针钳 持针钳是用来夹持缝合针的。其基本结构与血管钳相似,但前端较短粗,柄长,钳叶内有交叉齿纹,可使缝合针夹持稳定,在缝合时不易滑脱。用持针钳夹持缝合针时应使用持针钳的尖端,并以夹在缝合针的中 1/3 和后 1/3 交界处为宜。

缝合针 常用缝合针分直针和弯针两类,动物实验通常用弯针。弯针按针尖横断面的形状又分为角针和圆针。角针针尖的截面呈三角形(三刃形),针体的截面为圆形(或方形),用以缝合皮肤、韧带、瘢痕等组织。圆针针尖及针体的截面皆为圆形,主要用于内脏及深层组织的缝合。

缝线 缝线分为可被组织吸收和不可被组织吸收两大类,根据其原料来源分为自然纤维和人工合成纤维两类。动物实验常用的缝合线有桑蚕丝线、棉线和尼龙线。

气管插管 气管插管可由玻璃、金属、塑料等多种材料制成,依据大小可分别用于犬、家兔、大鼠、小鼠等动物。鼠用气管插管一般可用硬塑料管自行制作。动物实验时插入气管插管的目的是为了保证动物的呼吸通畅。

血管插管　血管插管多为玻璃制品,也可根据动物血管管径的大小用硬塑料材料自行制作。动脉插管主要用在动物急性实验时插入动脉,另端接血压计或压力换能器,可以记录动脉血压。静脉插管插入静脉后加以固定,用于在实验过程中测定中心静脉压,或者通过插管向动物体内注射各种药物或生理溶液。

动、静脉夹　动、静脉夹是一种具有弹性的金属夹,主要用于手术中阻断动物动、静脉血管的血流。

金属探针　为一支实心的金属条,用于破坏蛙类动物的脑和脊髓。

玻璃分针　为一根两头较尖而钝的玻璃棒,主要用于手术中分离神经和血管等组织。

锌铜叉　锌铜叉(galvani 叉)是由铜条和锌条组成两臂,用锡在两者一端焊接而成。应用时叉子的两臂形成了短路的、原始的 volca 电池的两个电极,以被刺激的组织作为电解质。在解剖标本时,常用它对神经肌肉标本施加刺激,从而检查神经肌肉标本的兴奋性,或者以它来刺激神经,以判断神经分支的定位。

蛙心夹　通常用不锈钢丝做成,使用时将一端夹住心尖,另一端借助缚线连接于张力换能器,以便进行心脏活动的描记。

4.2　MedLab 生物信号采集处理系统

4.2.1　系统简介

MedLab 生物信号采集处理系统是根据医学实验的特点,将传统仪器的优点与计算机的强大处理功能相结合设计而成的实验系统。它可以全面替代生物医学实验中的示波器、记录仪、放大器、激器等传统仪器,是集信号放大、数据采集、显示、存储、结果处理及输出等功能的实验系统。MedLab 生物信号采集处理系统有 MedLab-E、MedLab-U 等多种型号。

MedLab 生物信号采集处理系统由硬件与软件两大部分组成。硬件主要完成对各种生物电信号(如心电、肌电、脑电等)与非电生物信号(如血压、张力、呼吸等)的调理、放大,进而对信号进行模/数(A/D)转换,使之进入计算机。软件主要完成对系统各部分的控制和对已经数字化了的生物信号进行显示、记录、存储、数据处理及打印输出。

硬件部分　MedLab-E 系统的硬件是由内置式 Med4101 型程控刺激器和放大器、NSA4 型数据采集卡组成(图 4-4、5)。MedLab-U 系统是外置式,采用 USB 接口(图 4-6)。

图 4-4　Med4101 型程控刺激器和放大器

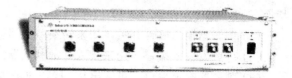

图 4-5 NSA4 数据采集卡　　　　图 4-6 MedLab-U 系统

Med4101 型内置式生物信号放大器、刺激器面板上各个部件的名称和功能如下(图 4-7)。

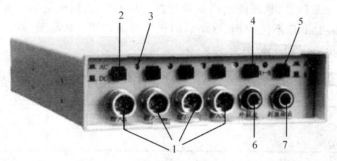

图 4-7 Med4101 型内置式生物信号放大器、刺激器

1. 输入端口　2. 交、直流输入切换开关　3. 放大器调零孔　4. R←S 按钮

5. 刺激器输出极性开关　6. 外触发输入端口　7. 刺激器输出端口

(1) 输入端口　生物信号放大器有 4 个输入通道的端口,换能器可直接插入通道端口,生物电信号可用专用电缆直接接入端口,引导生物信号的输入。

实验中对于通道选择的大体原则是:第 1 通道的最小放大倍数为 50 倍,上限频率为 10kHz,推荐做神经放电类实验[如减压神经(降压神经)、膈神经放电]。第 2 通道和第 4 通道的最小放大倍数分别为 50 倍与 5 倍,上限频率为 1kHz,推荐做动作电位类实验(如神经干动作电位的引导、动作电位传导速度的测定等)。第 3 通道的最小放大倍数为 5 倍,上限频率为 100Hz,推荐做心电类实验。

对于张力、压力类慢信号实验,则对通道无选择要求(即 1、2、3、4 通道都可以使用)。第 4 通道为两用通道,当在放大器面板上撤下 R←S 按钮时,第 4 通道用作刺激波形显示通道,此时外部信号无法输入。抬起 R←S 按钮,第 4 通道即作为正常采样通道使用。

(2) 交、直流输入切换开关　开关位于各个通道输入端口的上方,撤下开关时该通道为交流输入(AC)。当所测信号为压力或张力时,抬起此开关,即为直流输入(DC),此时不但可以测出信号的动态变化,而且可以测出信号中的直流成分。

(3) 放大器调零孔　当放大器零点发生较大偏差,软件无法调零时,或当外接传感器无调零装置时,可以左右调动小孔中的可变电阻器,使放大器归零。出厂时此零点已经调好,一般无需调整。

（4）R←S按钮　用于对第 4 通道进行刺激波形显示通道和正常采样通道的切换。

（5）刺激器输出极性开关　用来转换刺激器输出波形的正负，一般无需切换。

（6）外触发输入端口　用来接入外部刺激器的同步触发信号的端口。

（7）刺激器输出端口　可输出 0～12V 的刺激脉冲，脉冲的极性由刺激器输出极性开关决定。

软件部分　MedLab-E 系统软件和 MedLab-U 系统软件分别控制 MedLab-E 和 MedLab-U 系统硬件，但是软件界面基本相同，操作一致。系统的软件界面由标题栏、菜单栏、工具栏、状态提示栏及采样窗、处理窗、数据窗等多个相应的子窗口组成。以 MedLab-E 系统为例，启动后的软件界面如图 4-8 所示。

软件界面自上而下分别为：

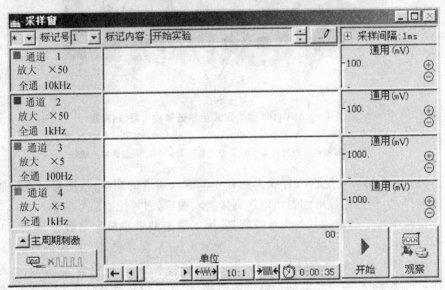

图 4-8　MedLab-E 系统软件界面

（1）标题栏　显示系统名称或实验名称、存盘文件路径和文件名、界面控制按钮。

（2）菜单栏　用于按功能不同分类的选择操作，包含有以下几项主菜单。

文件：进行所有的文件操作，如打开、存盘、打印、退出等。

编辑：对信号图形进行编辑，如剪切、拷贝、粘贴等。

视图：对界面上主要可视部分进行显示与否的切换。

设置：对与系统运行有关的设置功能进行选择。

实验：对已完成定制实验配置的教学与科研实验项目进行选择。

处理：进行对信号图形的采样后处理，如运算、制图等。

窗口:提供一些有关窗口操作的功能。

帮助:提供在线帮助。

(3)快捷工具栏 提供最常用的快捷工具按钮,将鼠标箭头指向某一按钮,单击鼠标左键,即可进入操作。

(4)标记栏 用于添加、编辑实验标记,并可用于实验数据的定位。

(5)通道采样窗 每个通道采样窗都分为三个部分。左侧为"通道控制区",显示通道号,控制程控放大器的放大倍数、采样曲线的颜色和滤波调节。中间部分为"波形显示区",显示采样曲线。右侧为"显示控制区",调节和显示曲线参数、Y轴坐标和处理名称等。

(6)X轴显示控制区 用于动态显示采样时间,控制 X 轴方向波形的扩展与压缩,显示标记,调整波形曲线在 X 轴方向上的位置。

(7)采样控制区 位于"X轴显示控制区"的右侧,用于开始采样、停止采样及采样存盘的控制。

(8)刺激器控制区 位于"X轴显示控制区"的左侧,用于选择刺激器发出刺激的模式,启动刺激开关及刺激参数的实时调整。

(9)提示栏 提示相关的操作信息、时钟显示和当前硬盘的可用空间。

工作原理 MedLab-E 生物信号采集处理系统的基本工作原理如图 4-9 所示。

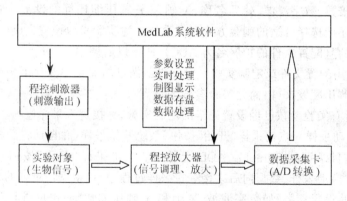

图 4-9 MedLab-E 系统的基本工作原理

4.2.2 系统的基本操作

一般操作流程 应用 MedLab-E 生物信号采集处理系统进行动物实验时,其一般的操作流程如图 4-10 所示。

(1)启动系统 用鼠标左键双击桌面上的 MedLab 生物信号采集处理系统图标,即可进入 MedLab 软件的主控界面。

(2)选择通道 生物信号按性质可大致分为两大类,电信号(如心电、脑电、神经干动作电位、神经放电等)和非电信号(如骨骼肌张力、血压、呼吸道压力、心肌收

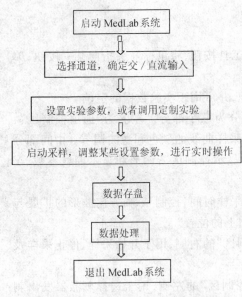

图 4-10 MedLab 系统实验操作流程图

缩力、肠肌张力等)。按信号的快慢可分为快信号(如神经干动作电位、心室肌动作电位、神经放电等)和慢信号(如血压、呼吸、心电、平滑肌张力等)。应根据生物信号的快慢和通道选择原则来选择合适的通道,生物电信号要用专用电缆接入相应的通道端口,非生物电信号需要选用换能器接入相应的通道端口。

(3) 确定交/直流输入 一般情况下,电信号选择交流输入,非电信号经换能器转换后选择直流输入,实验者自加前置放大器的输出信号采用直流方式输入(如经微电极放大器后的心室肌动作电位信号)。要注意在放大器面板上对相应通道交、直流输入切换开关的切换。

(4) 设置实验参数 对于一个全新的实验,要根据实验的要求进行实验参数的设置,它包括显示方式、采样间隔、采样通道、放大倍数、数字滤波、处理名称、X 轴和 Y 轴压缩比等的设定。如果需要使用刺激器,还应选择合适的刺激方式和参数。上述实验参数设置完成后,可以作为配置文件保存(配置文件的扩展名为 ADC),便于以后调用。

(5) 调用配置文件或定制实验 对于以前做过的实验并保存了相应配置文件的,可直接调用配置文件,简化实验参数的设置过程。在教学实验中,最常用的方法是打开所有实验参数已经设置完毕的定制实验,直接进入采样过程。

(6) 启动采样 点击采样"开始"按钮,系统开始采样,并自动将采样数据全部保存于当前目录下的 Tempfile.ADD 文件中。点击采样"停止"按钮,停止采样。暂停后再次启动采样,数据向后续接。在采样过程中,可根据记录到的信号波形大小,调整某些设置参数,如数字滤波、X 轴和 Y 轴压缩比等;也可进行一些实时操作,如添加实验标记、在线测量等。

(7) 数据存盘 采样结束后,应将采样数据或选取的数据段自定义文件名另存。

(8) 数据处理 打开已经存盘的原始数据文件,可进行查找与定位数据、调整图形大小、修改实验标记、测量图形数据、选择数据段、编辑与打印数据等处理操作。

(9) 退出系统 点击标题栏的关闭图标,即可退出 MedLab 系统。

实验参数设置 用 MedLab 生物信号采集处理系统做实验,要在开始实验前做好信号采样的软件设置工作,这就相当于使用传统仪器开始实验前,要将仪器面板上的所有重要开关打开,所有重要按钮调定至大体正确的位置一样。MedLab

系统的所有操作均可以使用鼠标完成,只需在界面上移动鼠标箭头到相应的位置,点击左键或按下左键拖动鼠标即可完成操作。

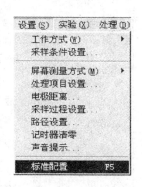

（1）选择标准配置 选择菜单"设置/标准配置",就打开了 MedLab 系统内置的标准四通道配置,此时所有实验参数复位,可在此基础上进行各种新的实验参数设置(图4-11)。

（2）设置采样条件 选择菜单"设置/采样条件设置",打开"采样条件设置"窗,可进行显示方式、采样间隔、采样通道选择等参数的设置(图4-12)。

图 4-11 选择标准配置

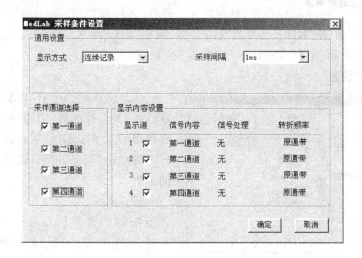

图 4-12 采样条件设置窗

"显示方式"有三种。①连续记录:用来记录变化较慢、频率较低的生物信号,如血压、呼吸、心电、张力等,记录曲线的方向是由右向左,连续滚动,与传统的二道记录仪一致。②记忆示波:用来记录变化快、频率高的生物信号,如神经干动作电位、心室肌动作电位等,扫描曲线的方向是由左向右,一屏一屏地记录,与传统的示波器一致。③慢扫示波:这种记录方式非常灵活,可以记录采样频率为 100kHz 到 20Hz 的生物信号,扫描曲线是从左向右,按屏幕刷新,与传统的监护仪一致,当某些实验无法确定用何种显示方式时,可选用这种显示方式。

"采样间隔"就是选择前、后采样点的间隔时间。采样间隔短,采得的数据量大,占用硬盘的空间大,后处理也不易。采样间隔长,采样慢,快信号不能重现。建议采样频率是信号频率的 5～10 倍。

"采样通道选择"就是选择信号进入的物理通道。

用鼠标左键单击"确定"按钮,就完成了采样条件的设置。

图 4-13　通道控制区

（3）设置放大倍数　根据信号的强弱选择合适的放大倍数。用鼠标点击相应通道的"通道控制区"中的"放大"，即可选择合适的放大倍数（图 4-13）。

（4）设置数字滤波　根据需要决定是否采用数字滤波，高通滤波允许大于此频率的信号通过，低通滤波允许小于此频率的信号通过。用鼠标左键点击相应通道的"通道控制区"中的"全通"，即可选择合适的滤波调节。

（5）设置处理名称　用鼠标点击相应通道的"显示控制区"（图 4-14）中的处理名称处，在弹出的菜单中选择"处理名称"，打开"名称选择和处理设置"窗（图 4-15），选择适宜的名称、观察项目和在线测量间隔时间，用鼠标左键单击"确定"按钮，就完成了处理名称的设置。

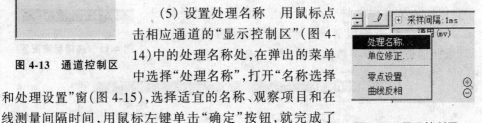

图 4-14　显示控制区

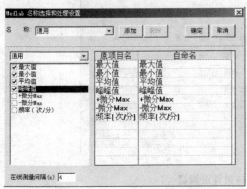

图 4-15　名称选择和处理设置窗

不可再随意进行"单位修正"。

（6）设置零点　用鼠标点击相应通道的"显示控制区"中的处理名称处，在弹出的菜单中选择"零点设置"，用鼠标左键单击"确定"按钮，就完成了零点的设置。

（7）定标（单位修正）　非电信号经换能器的能量转换后进入 MedLab 系统，但由于不同换能器的增益不同，定量实验时，必须对采样系统进行定标处理（详见"换能器定标"）。此项工作一般由教师在教学实验前完成，实验时

（8）设置 X、Y 轴压缩比　分别在"X 轴显示控制区"和"Y 轴显示控制区"用鼠标点击扩展/压缩按钮，调整合适的压缩比。

（9）设置刺激器　当需要使用刺激器时，还要进行刺激参数的设置（详见"刺激器设置"）。

实验参数设置完成后，即可进行采样，在采样的过程中检查实验参数的设置是否合理，如不合理可进行适当调整。

如果选择菜单"实验/通用实验向导"，可显示"实验向导窗"，按照计算机的逐步提示，也可完成实验参数的设置。

保存实验配置　MedLab 系统有三种保存设置完成的实验参数的方法。

（1）将实验数据存盘，下次调用此实验数据，系统自动恢复所有实验参数。

（2）选择菜单"文件/保存配置"，可保存这些设置参数（配置文件的扩展名为ADC），科研实验时可用此方法，可节省实验准备时间。

（3）选择菜单"文件/定制实验"，可将这些实验参数存入 MedLab 配置文件数据库（扩展名为 ADB），若重新启动 MedLab，即可在菜单"实验"中得到更新。

调用实验配置　有以下几种方法可以调用以前设置的实验参数。

（1）每次重新启动 MedLab 时，MedLab 系统软件自动调用上一次关闭时保存在系统目录中的 MedLab.ADC 文件。

（2）启动 MedLab 系统后，选择菜单"文件/打开配置"，打开以前存入的配置文件。科研实验多用此方法调用实验配置。

（3）启动 MedLab 后，选择菜单"实验"中相应的实验名称即可。教学实验多用此方法调用实验配置。

（4）由于实验设置参数同时存放在数据文件的头文件中，调用以前的实验数据，MedLab系统即可自动调用原有的实验设置参数。

刺激器设置　MedLab 系统内置了一个由软件程控的刺激器，可根据实验要求对刺激器进行参数设置。单击"刺激器控制区"，在弹出的列表中选择需要的刺激模式，常用的刺激模式为单刺激、串刺激和主周期刺激（图 4-16）。

图 4-16　刺激器控制区

（1）单刺激　与普通刺激器一样，输出单个方波刺激，延时、波宽、幅度程控可调。可用于骨骼肌单收缩、期前收缩等实验。

（2）串刺激　相当于普通刺激器的复刺激，但刺激的持续时间由程序控制，启动串刺激后到达串长的时间，刺激器自动停止刺激输出。串刺激的延时、串长、波宽、幅度、频率可调。刺激减压神经（降压神经）、迷走神经和强直收缩等实验可采用此种刺激模式。

（3）主周期刺激　与普通刺激器比较，此种刺激方式是将几个刺激脉冲组成一个周期，多了主周期、周期数的概念。主周期指每个周期所需要的时间，周期数是重复每一个周期的次数。每个主周期里又有延时、波宽（脉冲的波宽）、幅度（脉冲的幅度）、间隔（脉冲间的间隔）、脉冲数（一个主周期内脉冲的数目）等参数。有了这些可调参数，可输出多种刺激形式。

添加实验标记　为了在长时间实验和改变实验条件时添一些有内容的记号，方便以后分析数据，MedLab 系统提供了动态添加实验标记的功能（图 4-17），利用好这一功能，对采样结束后进一步分析数据、处理实验结果乃至写出实验报告都有很大帮助。

（1）在系统开始采样运行后，如认为需要添加标记，只需用鼠标单击标记按钮，就会在时间轴（X 轴）上按顺序号添加一个标记。采样结束后，允许移动标记

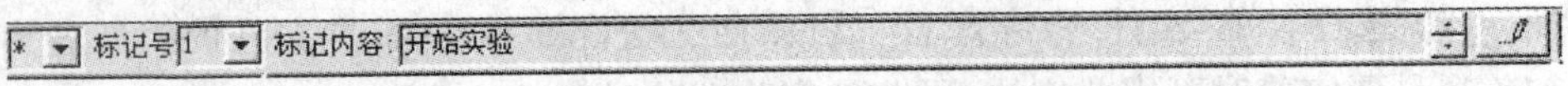

| * ▼ | 标记号 1 ▼ | 标记内容: 开始实验 | ÷ 🖉 |

图 4-17 标记栏

位置(在标记序号上按住鼠标右键拖拽)和另外添加实验标记。

(2) 当系统开始采样运行时,可在采样窗上部的实验标记添加区实时编辑标记内容,点击标记按钮,即可随时将标记送到时间轴上。

(3) 若要显示已加入的实验标记内容,待停止采样后将鼠标箭头移至要显示的标记上,按住鼠标左键不放,标记内容(包括时间,编辑内容)就显示出来。若要修改标记内容,则用鼠标左键双击标记,打开"标记窗",单击选择要修改的项目,修改内容,确认后点击"返回"按钮,退出"标记窗"。

(4) 如果需要在实验前就编辑好标记内容,可在实验前选择菜单"编辑/编辑实验标记",选择实验项目,对实验预先进行标记内容的编辑,并作为定制实验保存起来。

换能器定标 换能器(传感器)是一种将压力、张力等非电生物信号转变为电信号的装置,由于制造时采用的部件不同及相同部件参数的差异,每一个换能器在转换非电生物信号时都不可能完全一样(即同样强度的能量经不同换能器转换的电压值不会绝对一致)。因此,为了准确地反映实验结果,有必要在实验前对换能器进行标准校验,使之尽可能减少测量误差,保证实验结果的真实性和准确性。

换能器的定标方法如下:

(1) 在需要使用的放大器输入通道端口上连接好换能器,张力换能器应该固定在一个支架上,压力换能器应连接好各种管道,并将其中充满生理溶液。

(2) 选择直流输入,设置好"采样条件",选择合适的"处理名称",开始采样。如记录基线与零线不在同一水平,用"零点设置"将记录基线调整至与零线重合。如果记录基线与零线偏差太大,则应调整换能器本身连接线上的调零盒,转动内部旋钮,使记录基线与零线重合。

(3) 在换能器上施加一固定量值,如张力 5g 或压力 16kPa(该量值最好与预测最大测量值相近),保持一小段时间的采样,得到一个平稳的定标值,然后停止采样。

(4) 用鼠标在波形曲线上升后的平稳处点击一下,在此处产生一个蓝线与曲线相交。移动鼠标至右侧"显示控制区"的处理名称处(鼠标箭头变为小手),单击鼠标左键,选中弹出菜单的"单位修正",进入"单位修正窗"。

(5) 此时"单位修正"窗口的原值项下已经有了数值,只需在新值项下手工输入在换能器上施加的固定量值数(如 5 或 16),并选择好单位,点击"确定"按钮后退出定标窗口,Y 轴上显示的刻度自动调整至定标刻度。

定标完成后,定标值今后将跟随该通道的"处理名称"一起调用。定标后的换能器、物理放大倍数、通道应固定使用。实验结果存盘或将此定标作为配置文件、定制实验保存起来,MedLab 系统便记忆了定标值,以后即可随时调用。

实验结果存盘　为了保证在任何情况下都不丢失数据,只要启动采样,MedLab 系统便会自动在当前目录下生成一个 Tempfile.ADD 的临时文件,此文件将所有"本次"("本次"是指不关闭当前界面,不进行新建文件操作)采集到的数据全部保留。暂停采样后再次启动采样,数据向后接续,边采边存。如果打开一个已经存盘的文件后启动采样,数据同样向后接续,多采多接。

当系统采样时,如果需要保存以后的数据,可按下"观察"按钮(图 4-18),此时系统除了生成一个 Tempfile.ADD 临时文件外,还按照"用户名"+"日期"+"时间"+"文件序号"自动命名一个数据文件,如 MedLab2002-11-18-16-20-50(2).ADD,意指用户名为 MedLab,日期是 2002-11-18,时间是 16-20-50,文件序号为(2)。这种自动命名的数据文件可作为有选择内容的数据文件保存,但不保留实验标记。

图 4-18　采样控制区

停止采样后,最好将上述临时文件另存为其他文件名保存,以防遗忘或丢失其中的内容。过后不用,可以自行删除这些临时文件。

打开、编辑文件　MedLab 系统可以在不采样时静态打开已存盘的文件,浏览曲线,并进行编辑、测量、观察处理。

打开时将鼠标箭头移至快捷工具栏中"打开文件"栏,单击鼠标左键打开文件对话框,选择文件名,单击打开按钮,即可打开已存盘的文件。

在打开的文件中,可在相应的通道选择曲线图形,按住鼠标左键拖动鼠标,选中曲线图形(此段曲线图形颜色变成蓝色),即可对已选择的曲线段进行剪切、拷贝、粘贴或另存为其他文件名。这有利于删除无用数据,保存有用数据,节约硬盘空间。

若要选择多段曲线图形,可按下键盘上的"Ctrl"键不放开,同时多次拖动鼠标选中不同曲线段;若在"X 轴显示控制区"中按住鼠标左键拖动鼠标,则可选择全部通道的曲线图形,然后另存为其他文件名。这是一种方便、快捷的编辑曲线图形的方法。

实验结果处理　实验结果的处理包括实验数据的测量、计算、储存、统计和制作图表等。

MedLab 系统的测量方式有"在线实时测量"、"标尺测量"、"数据测量"、"区段测量"等,点击快捷工具栏上的测量快捷按钮,即可选择合适的测量方式。

"在线实时测量"是指在采样的同时对实验结果进行测量(在线测量间隔可调)。采样时点击快捷工具栏上的"在线测量"按钮,在通道右侧的"显示控制区"就可以显示实时测量结果。若要将测量结果记入 MedLab 电子表格,可点击"处理结果入表"快捷按钮。若要远距离观察测量结果,点击"结果提示"按钮,可打开"结果

图 4-19　结果提示

提示窗"（图 4-19）。点击"在线图表窗"按钮，可打开"在线图表窗"，自动将测量结果填入电子表格。

采样结束后对实验结果的测量和处理可分为自动和手动两种方式。

自动处理时先点击快捷工具栏上的"在线测量"按钮，再用鼠标选择一段曲线图形（此段曲线图形颜色变成蓝色），这时在通道右侧的"显示控制区"就可以显示测量结果。点击"处理结果入表"快捷按钮，测量结果便记入 Med-Lab 电子表格。点击"数据窗"快捷按钮，可查看电子表格中的内容（图 4-20）。点击"处理窗"快捷按钮，在处理窗中可查看实验曲线和处理结果。

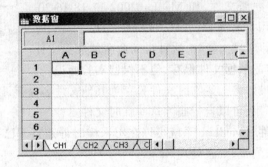

图 4-20　数据窗

手动测量时可点击快捷工具栏上的"测量"快捷按钮，根据需要选择测量、观察、区段测量等方法，测量后在通道右侧的"显示控制区"或打开的测量窗中可以显示测量结果，需要时将测量结果记入 MedLab 电子表格。

用 MedLab 电子表格处理实验结果，需要在"数据窗"预先设置原始数据所在的通道号、所需测定的指标（如左室收缩峰压、左室舒张末压、心率等）及存放结果的序列号，然后在"采样窗"打开原始数据文件，选择所需测量区域的曲线段（如给药或处理前后不同时间点），系统便自动在数据窗的相应位置填写结果数据。用这种方式可一次选择多段实验曲线数据，并将计算结果输出到"数据窗"的相应位置，数据结果以 XLS 文件格式保存，可用 Excel 打开。由于 Excel 软件可与 SPSS、Prism、Sigma Plot 等著名的统计和制图软件互传数据，这样便可进行实验数据的统计和制作图表。

实验结果打印　当需要打印出曲线图形和数据时，先用鼠标选择所需打印的图形段，然后点击快捷工具栏上的"打印预览"快捷按钮，并进行图文份数、图形及数据放置位置等选择，选定后即可打印输出（图 4-21）。也可点击"处理窗"快捷按钮，打开处理窗进行相关操作，然后点击"打印"快捷按钮，打印输出。

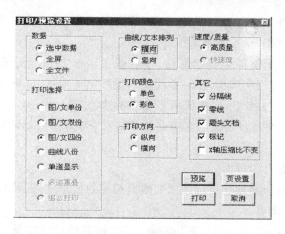

图 4-21 打印/预览设置

4.2.3 系统软件的使用

软件界面 MedLab 生物信号采集处理系统的软件界面由标题栏、菜单栏、工具栏、状态提示栏及采样窗、处理窗、数据窗等多个相应的子窗口组成(参见图 4-8),系统软件的主要功能可以通过对软件界面的操作得到实现,一般操作均可以使用鼠标完成,只需在界面上移动鼠标箭头到相应的位置,点击左键或按下左键拖动鼠标即可完成操作。

菜单栏 用于按功能不同分类的选择操作,包含有以下几项主菜单。

(1) 文件 包括所有的文件操作,如打开、存盘、打印、退出等(图 4-22)。

新建:建立一个新的图形数据文件,同时清除原采样窗中的数据文件。

打开:打开已存盘的数据文件(* .ADD),或在数据窗中打开含有处理结果的数据文件(* .XLS)。

保存:以当前文件名保存图形数据文件或含有处理结果的数据文件。

另存为:以自定义文件名保存图形数据文件或含有处理结果的数据文件。

导出数据:将波形数据文件转换为二进制或 ASCⅡ 格式的文件。

打开配置:打开以前保存过的配置文件(* .ADC),该配置文件保存了当时实验配置,打开配置文件,所有配置内容调出,即可开始进行实验。

保存配置:以自定义的配置文件名保存当前的实验设

图 4-22 "文件"菜单

置,包括采样条件、放大倍数、采样内容、滤波方式及参数、定标值、刺激模式及参数、X 和 Y 轴压缩比等各项配置参数。

定制实验:可定制各类实验配置,今后就在菜单中直接调用。选择常用生理学、常用药理学、常用病理生理学、常用运动生理学等项目,可将自定制的实验进行分类。定制实验时,MedLab 系统将当前实验参数存入 MedLab 配置文件数据库(MedLab.ADB),并与自定义的实验名称相链接,若重新启动系统,即可在"实验"菜单的实验中得到更新。

页设置:设置打印页面。

打印预览:打印前预览被选图形曲线或相应的处理结果,然后打印被选图形曲线或相应的处理结果。

退出:退出 MedLab 系统,结束实验。退出时系统自动将退出前的各种设置参数存于文件 MedLab.ADC 中,下一次启动 MedLab 系统时,仍为上一次的实验配置(含定标值)。

(2) 编辑　包括所有对信号图形的编辑功能,如剪切、拷贝、粘贴等(图 4-23)。

撤消:撤消上一次(只有一次)的剪切或粘贴操作。

剪切:剪切掉所选区间的图形。

复制:将所选区间的图形数据复制到内存。

粘贴:将复制到内存的图形数据粘贴到选定的位置。

搜索:搜索下一标记的数据位置。

MedLab 操作记录本:查看、编辑 MedLab 系统的操作记录。

编辑实验标记:对"定制实验"中的实验预先编辑实验的标记内容,在打开该实验时,可自动调用这些标记内容。

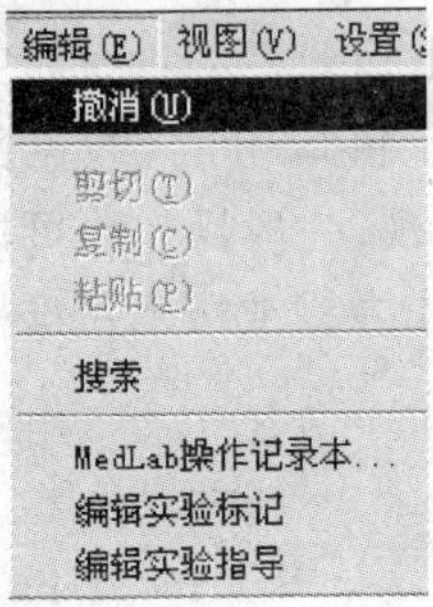

图 4-23　"编辑"菜单

(3) 视图　对界面上主要可视部分进行显示与否的切换(图 4-24)。

工具栏:"工具栏"显/隐选项。有"√"标记为显选项,否则为隐选项。

状态栏:"状态栏"显/隐选项。有"√"标记为显选项,否则为隐选项。

刺激器调节栏:"刺激器调节栏"显/隐选择。有"√"标记为显选项,否则为隐选项。

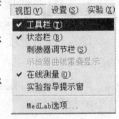

图 4-24　"视图"菜单

示波器曲线重叠显示:使同步触发的实验数据(曲线)重叠为三维显示。

在线测量:在线测量显/隐选项,有"√"标记为在线测量,否则为不进行在线测量。

MedLab 选项:经口令核实后,显示 MedLab 选项窗,可选择合适的选项内容。

(4) 设置　对与系统运行有关的设置功能进行选择(图 4-25)。

工作方式:有"信号采集"、"演示实验"、"模拟实验"三种工作方式可供选择,子菜单前有"√"为当前选项,且系统只能以其中一种方式工作。"信号采集"为系统默认的工作方式,"演示实验"可用来动态回放存盘的数据文件,进行实验示教演示。

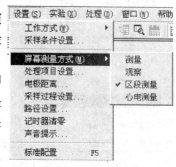

图 4-25 "设置"菜单

采样条件设置:进入"采样条件设置"子菜单,即可打开"采样条件设置"窗进行采样条件设置,这是做好实验前准备工作的重要步骤,包括通用设置、采样通道选择、显示内容设置三个部分。

屏幕测量方式:可选择标尺测量、数据观察、区段测量等方式中的任何一种。

电极距离:设置"神经干动作电位及其传导速度的测定"时两对电极之间的距离。

采样过程设置:"采样过程设置"是专为一些长时程并要求自动采样控制的实验而设计的。实验人员可在开始采样前一次设定好每次开始采样的时间和采样时间,系统将按时钟自动采样与停止,非常方便和实用。注意做此项操作应在所有实验设置完成后进行。

路径设置:MedLab 系统的默认文件存盘路径是:C: \ Program files \ MedLab \ data 目录,为了存盘方便和使文件存盘更加灵活方便,可以按实验人员的要求改变存盘目录,使文件管理更加规范、有序。

计时器清零:MedLab 系统设置了一个计时器,记录从打开 MedLab 系统后的相对时间。如果需要将计时器清零,从头开始计时,则进入该子菜单,计时器自动清零,并从零开始计时。

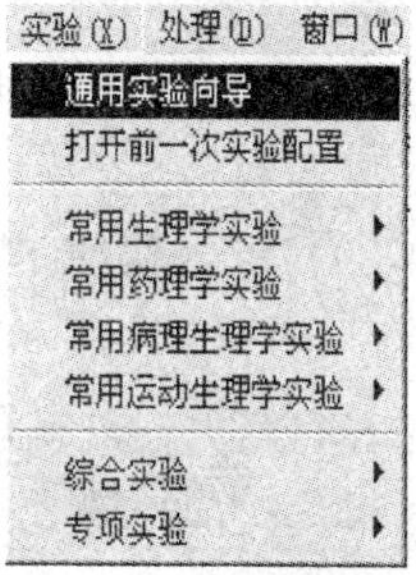

图 4-26 "实验"菜单

标准配置:实验人员在调整通道时一旦发生混乱,可以借助本功能恢复到标准配置,然后重新调整设置。

(5)实验 对已完成定制实验配置的教学与科研实验项目进行选择(图 4-26)。

通用实验向导:为实验参数设置的计算机向导,实验人员只需按计算机的逐步提示,即可方便地完成实验参数的设置。

六类实验子菜单:在这六类实验子菜单下分别有多种具体实验项目,实验人员按实验分类及项目选中后,将适合该实验的 MedLab 配置调出,即可开始实验。所有子菜单下的实验项目,都可以重新命名,重新配置,以适应不同学科的实验。

(6)处理 可对信号图形进行采样后的处理,如运算、制图、数字滤波等操作(图 4-27)。

数字信号处理:包括 FFT 运算(快速傅利叶分析)、低通数字滤波、高通数字滤波、50Hz 陷波、数字平滑滤波等几个二级子菜单,可分别对采样波形进行处理,滤

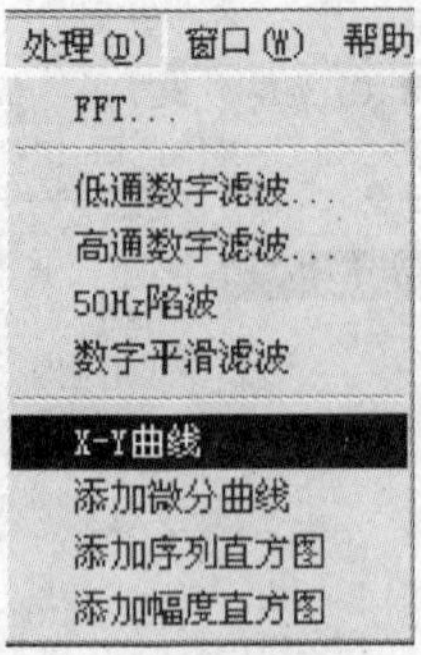

除噪波,显示生物信号。

曲线导出:曲线导出主菜单下有 X-Y 曲线、添加微分曲线、添加序列直方图、添加幅度直方图等几个子菜单,它们的主要功能是将所选图形按给定的算法绘出图形,进行观察与分析。

（7）窗口　提供一些有关窗口操作的功能（图 4-28）。

层叠:在多窗口方式工作时,多个窗口以层叠方式排布。

图 4-27　"处理"菜单

横向平铺:窗口横向平铺。

纵向平铺:窗口纵向平铺。

计算器、记事本、画图:此三项均为 Windows 提供的小型工具应用程序,选中后立即启动。主要为方便实验人员在实验与处理数据时,用计算器、记事本、画图板等计算数据、记录事项和绘制图形。

Microsoft Word、Microsoft Excel、Microsoft Access:此三项为微软公司提供的办公用程序套件,选中后立即启动。利用它可以非常方便地撰写实验报告和研究论文。

MATLAB、SPSS、SAS、SigmaPlot:这些都是国际著名的计算统计软件,如果系统安装了这些软件,处理起数据来更加方便。

图 4-28　"窗口"菜单

题头文档窗:进入"题头文档窗"子菜单。

标记窗:进入"标记窗"子菜单,在标记窗内可以修改、添加标记内容。

（8）帮助　提供在线帮助,可以让实验人员在使用 MedLab 系统时得到实时的帮助,了解 MedLab 功能和使用。

快捷工具栏　提供 7 组 25 个最常用的快捷工具按钮（图 4-29）,点击快捷工具按钮即可进入操作,它们从左至右分别为:

图 4-29　快捷工具按钮

（1）新建文件按钮　可新建记录仪、示波器或慢波扫描。

（2）文件操作按钮　包括打开（打开 MedLab.ADD 文件）、保存（保存 * .ADD 数据）、打印、打印预览 4 个按钮。

（3）编辑操作按钮　包括剪切、复制、粘贴、撤消 4 个按钮。

（4）采样条件按钮　进入"采样条件设置"窗，可进行采样条件的设置。

（5）数据处理按钮　包括在线测量、屏幕测量、处理结果入表、结果提示、在线图表窗 5 个按钮。

（6）窗口切换按钮　包括采样窗、处理窗、X-Y 记录仪、数据窗 4 个窗口切换按钮。

（7）应用程序链接按钮　包括计算器、记事本、画图、Microsoft Word、处理数据复制至 Microsoft Excel、WWW 浏览器 6 个链接按钮。

通道采样窗　MedLab 软件提供 4 个相同的通道采样窗（图 4-30），每一个通道采样窗分为三个部分。左侧为"通道控制区"，显示通道号，控制该通道程控放大器的放大倍数、采样曲线的颜色和滤波调节。中间为"波形显示区"，显示采样曲线。右侧为"显示控制区"，可进行基线调节、Y 轴方向波形的压缩与扩展、波形上下移位、定标、选择处理名称、单位修正、零点设置等操作。

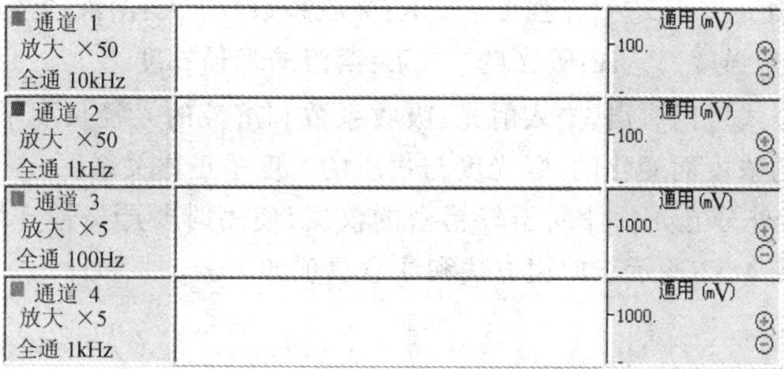

图 4-30　通道采样窗

X 轴显示控制区　位于"采样通道窗"的下方，用来动态显示 X 轴的采样时间，控制 X 轴方向波形的压缩与扩展，调整标记与波形曲线在 X 轴方向上的位置。

采样控制区　位于"X 轴显示控制区"的右侧，用于控制 MedLab 系统的采样及存盘。

刺激器控制区　位于"X 轴显示控制区"的左侧，用鼠标点击最左侧按钮，弹出刺激器面板，可选择刺激方式，调节刺激参数。按下刺激器启动按钮，启动刺激输出。

4.3　其他实验仪器设备

4.3.1　752 型紫外分光光度计

752 型紫外分光光度计（图 4-31）能在紫外、可见光谱区域内对不同物质做定性或定量分析。该仪器可广泛应用于医药卫生、临床检验、生物化学、环境保护等领域,是实验室常用的分析仪器之一。

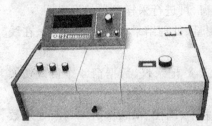

图 4-31　752 型紫外分光光度计

752 型紫外分光光度计的基本工作原理是溶液中的物质在光的照射激发下,产生了对光吸收的效应,物质对光的吸收是具有选择性的。各种不同的物质都具有其各自的吸收光谱,因此当某单色光通过溶液时,其能量就会被吸收而减弱,光能量减弱的程度和物质的浓度有一定的比例关系,也即符合于比色原理——比耳定律。

$T = I / I_0$

$\lg I_0 / I = K \cdot C \cdot L$

$A = K \cdot C \cdot L$

T:透射比　　　I:透射光强度　　　K:吸收系数　　　C:溶液的浓度

I_0:入射光强度　　　A:吸光度　　　L:溶液的光径长度

从以上公式可以看出,当入射光、吸收系数和溶液的光径长度不变时,透过光是根据溶液的浓度而变化的,吸光度与物质的浓度呈正比关系。

752 型紫外分光光度计属于较精密的仪器,使用时要严格遵守操作规程。其工作部件如图 4-32 所示。使用方法和注意事项如下。

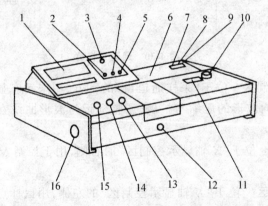

图 4-32　752 型紫外分光光度计工作部件

1. 数字显示器　2. 吸光度调零旋钮　3. 选择开关　4. 吸光度调斜率电位器　5. 浓度旋钮　6. 光源室　7. 电源开关　8. 氢灯电源开关　9. 氢灯触发按钮　10. 波长手轮　11. 波长刻度窗　12. 试样架拉手　13. 100%T 旋钮　14. 0%T 旋钮　15. 灵敏度旋钮　16. 干燥器

(1) 将灵敏度旋钮调置"1"档(放大倍率最小)。

(2) 按"电源"开关(开关内 2 只指示灯亮),钨灯点亮。若检测波长在 180～375nm 范围内,按"氢灯"开关(开关内左侧指示灯亮),氢灯电源接通,再按"氢灯触发"按钮(开关内右侧指示灯亮),氢灯点亮。仪器需要预热 30min。

仪器后背部有一只"钨灯"开关,如不需要使用钨灯时可将它关闭。

(3) 选择开关置于"T"。

(4) 打开试样室盖,调节"0"旋钮,使数字显示为"00.0"。

(5) 将波长调至所需要检测的波长。

(6) 将装有溶液的比色皿放置于比色皿架中。注意检测波长在 360nm 以上时,用玻璃比色皿,检测波长在 360nm 以下时,用石英比色皿。

(7) 盖上样品室盖,将参比溶液比色皿置于光路中,调节"100"旋钮,使数字显示为 100.0。如果显示不到 100.0,则可适当增加灵敏度的档数,同时应重复"4",调整仪器的"00.0",反复调整数次。

(8) 透过率(T)的测量。将被测溶液置于光路中,从数字显示仪器直接读出被测溶液的透过率(T)值。

(9) 吸光度(A)的测量。参照"4"和"7",调整仪器的"00.0"和"100.0"。将选择开关置于"A"。旋动"消光零"旋钮,使数字显示为"0.000",然后将被测溶液移入光路,显示值即为被测溶液的吸光度 A 值。

(10) 浓度(C)的测量。选择开关由"A"旋至"C",将已标定浓度的溶液移入光路,调节"浓度"旋钮使得数字显示为标定值。将被测溶液移入光路,即可读出相应的浓度值。

(11) 如果大幅度改变测试波长时,需要等数分钟后,仪器才能正常工作。

(12) 仪器在使用时,应经常参照本使用方法中"4"和"7"进行调"00.0"和"100.0"的工作。

(13) 每台仪器所配套的比色皿不能与其他仪器上的比色皿单个调换。

4.3.2　80-2B 型低速台式离心机

离心机是利用离心力分离母液和沉淀的一种仪器。80-2B 型低速台式离心机(图 4-33)可广泛用于各医学学科实验室对血清、血浆、免疫等的定性分析,具有容量大、噪声低、使用效率高等优点。离心机控制面板如图 4-34 所示。

将装有等量试液的离心管对称放置在转头四周的孔内,电动机带动转头高速旋转,产生的相对离心力可使试液内成分分离。

80-2B 型低速台式离心机的使用方法和注意事项如下:

(1) 使用前必须先检查面板上的旋钮是否处在规定的位置上,即电源在关的位置上,电位器、定时器在零的位置上。

(2) 在每支离心管中放置等量的样品,然后将离心管对称放在转头内,以免由于重量不均、放置不对称而使整机在运转过程中产生震动。

图 4-33　80-2B 低速台式离心机

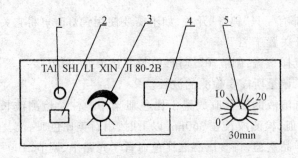

图 4-34 离心机控制面板
1. 指示灯 2. 电源开关 3. 调速旋钮 4. 转速显示 5. 定时旋钮

(3) 拧紧盖形螺帽,盖好有机玻璃盖门,然后打开电源开关,电源指示灯亮。

(4) 旋转定时器至所需时间。

(5) 缓慢向顺钟向旋转调速旋钮,转头开始旋转,逐渐增加转速,直至转速表指针指向所需转速。

(6) 转头运转到设定的时间后,自动降速直至完全停止,转速表指针回复到零。

(7) 要将离心机放置在坚固、平整的台面上,以免运转时产生意外。

(8) 不能在有机玻璃盖上放置任何物品,以免影响仪器的使用。

(9) 仪器不使用时,要将与外电网相连的电源插头拔下。

(10) 使用前必须检查离心管是否有裂纹、老化等现象,如有应及时更换。

(11) 实验完毕后,将转头和仪器擦干净,以防试液污染而产生腐蚀作用。

(12) 当电机碳刷长度<6cm时,必须及时更换。

4.3.3 电热恒温水箱

S·HHY21型三用电热恒温水箱可用于蒸馏、干燥、浓缩及恒温加热化学药品、生物制品,检查血清,实验恒温培养以及对注射器和小型手术器械的煮沸消毒。

电热恒温水箱的使用方法和注意事项如下:

(1) 通电前,首先在水箱中加入适量水,最好选用蒸馏水,切勿在无水或水位低于电热管时使用,以防电热管爆损。

(2) 该仪器的控温系统采用 TDA-8002 型指针式控温仪表。使用时接通电源,绿灯亮,仪器开始工作,加热器开始加热,然后按所需温度转动温度设定旋钮。绿灯亮时,表示升温;红灯亮时停止升温,加热器停止加热。当红绿灯交替跳动时表示进入恒温状态。若要改变温度可随时转动温度设定旋钮。使用时控温仪表所显示的温度指示而是实际所需温度。

(3) 水箱在使用时必须可靠接地,水不可溢入控制箱内,以免发生危险。

(4) 必须按规定电源 220V 使用,切不可接入 380V 电源,否则易使设备损坏。

4.3.4　动物呼吸机

人工呼吸机是用来改善机体的通气功能、辅助呼吸的常用仪器,可以用来改善通气,防止缺氧。正常机体呼吸道内充满一定量的空气,并随一定频率的呼吸运动而形成有规律的压力变化。按照气体由高压到低压流动的原理,在吸气时给予高于气道压力的正压送气,则含有一定氧浓度的气体即可迅速进入肺泡而进行气体交换,在呼气时停止送气,借助胸廓和肺的弹性回缩让气体自动排出。如此周而复始即可形成人工辅助通气而达到改善呼吸功能、防治缺氧的目的。由于在病理情况下,机体自由呼吸的有无、频率的次数和气道阻力的大小均有个体差异,故利用电脑调控的原理使人工通气,能结合机体客观变化的需要,保证气体交换顺利完成。

目前常用的动物呼吸机是由压缩机、气路及电路两大部分组成。电动机带动活塞正反转动,活塞即在气缸内往下压气,通过管道将气体压入动物肺内。动物呼吸机适用于大鼠、豚鼠、家兔、犬等常用动物实验中的人工辅助呼吸。

以 DH 系列动物呼吸机(图 4-35)为例,其使用方法和注意事项如下:

(1) 将主机平置,接通电源,然后将 Y型通气管上两侧的皮管分别插入潮气输出口和呼气口接头。

(2) 将实验动物颈部气管切开并插入气管插管,根据实验对象估计所需的潮气

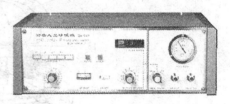

图 4-35　DH-140 动物呼吸机

量、呼吸频率和呼吸时比,在呼吸机面板上选定相应的潮气输出量、呼吸频率和呼吸时比参数。

(3) 需要停止动物自主呼吸时,用软胶管将 Y 型通气管下侧管和已插入动物气管内的气管插管连接起来,打开人工呼吸机的电源开关,即可开始控制呼吸。在机控呼吸时应要注意观察所选各参数(主要是潮气输出量)对实验中的动物是否合适。通常情况下,可通过听动物的呼吸音及观察胸廓的活动幅度来确定。如果不合适,应马上进行修正。

(4) 注意开机前要把呼气电磁阀导线插头插上,否则易损坏晶体管元件。

(5) 电源接通后,要把呼吸时比按键中的一挡按下,否则机器不会工作。

(6) 潮气量参数和呼吸频率、呼吸时比参数之间有一定的关系,如需要改变呼吸频率和呼吸时比,也应重新修正潮气量输出值。

(7) Y 型管和气管之间的连接软胶管应尽量短(<3~5cm),以减少呼吸死腔。

4.3.5　XSP-24N 型生物显微镜

XSP-24N 型生物显微镜(图 4-36)可广泛应用于生物学、细菌学、组织学、药物化学等实验教学。生物显微镜的光学系统由成像系统和照明系统两大部分组成

（图 4-37）。

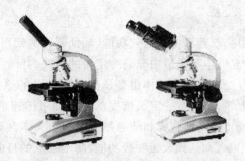

图 4-36　XSP-24N 型生物显微镜

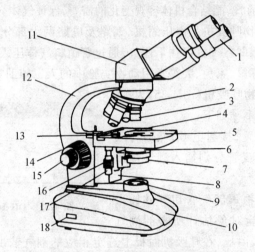

图 4-37　XSP-24N 型生物显微镜结构图

1.目镜　2.物镜转换器　3.物镜　4.移动尺　5.载物台　6.聚光镜　7.孔径光栏　8.移动台托架
9.聚光镜　10.底座　11.双目镜筒　12.弯臂　13.标本夹　14.粗动调焦手轮　15.微动调焦手轮
16.纵向移动手轮　17.横向移动手轮　18.电源开关

　　成像系统由目镜、物镜组成，来自标本的光线经过物镜后射向棱镜，转向 45°角，成像于目镜的视场光栏，进入人眼。

　　照明系统由聚光镜旋转光栏或孔径栏、反射镜组成，反射镜将外来光线经聚光镜汇集于标本，式样被照亮，便于观察。带电源的生物显微镜由灯泡和集光镜取代反射镜。灯丝发出光线经集光镜及聚光镜，使标本获得较大视野照明，由物体所透射的光线经物镜射向棱镜，使光轴倾斜 45°角并汇聚成像于目镜的视场光栏，被目镜放大后进入人眼，在视觉上得到一个放大而清晰的虚像。

　　XSP-24N 型生物显微镜的使用方法和注意事项如下：

　　（1）插头插入 220V/50Hz 电源，打开电源开关，缓慢调节电位器，使灯泡亮至所需要的亮度。

　　（2）将标本放入载物台，用标本夹夹紧，扳动孔径光栏手柄，调节孔径光栏。

（3）使用中倍物镜（10×），通过目镜观察。调节粗动和微动调焦手轮，使目镜中成像清晰。

（4）如果观察标本不在视场中心，可转动纵向和横向移动手轮把所要观察的标本移至视场中。

（5）当换用其他物镜时，视场中成像是模糊轮廓，应重新利用微动调焦手轮使之成像清晰。

（6）扳动孔径光栏手柄，调节孔径光栏大小，使成像获得良好的对比度。

（7）使用油浸物镜时，需在标本片上面滴香柏油，使物镜与标本之间充满香柏油。使用完毕后应立即用二甲苯揩拭干净。

（8）关机时应先降低灯泡亮度，后切断电源，避免灯泡在再次点亮时，受到大电流的冲击而缩短寿命。

（9）推荐在高倍物镜观察时，反射镜使用凹面，低倍物镜观察时，使用平面。

（10）显微镜不论在使用或者存放时，均应避免灰尘、潮湿、酸碱性环境。

（11）要更换灯泡时，可将仪器底部翻转，松开灯箱盖螺钉，翻开灯箱盖，可见到灯座，拔下灯泡，插入新灯泡，然后盖上灯箱盖即可。换保险丝时，应握住保险丝座逆钟向旋下，换上 0.5A 的保险丝，顺钟向旋上保险丝座。更换灯泡和换保险丝时切记断开电源。

（12）显微镜长期使用后应注意在各传动部分加些润滑油，所用油脂黏度要适当，避免酸性成分。

4.3.6　心电图机

心电图机是能将心脏搏动时所产生的电位差描记成图形的仪器。由于心电图具有节律性变化的规律，而且这种变化与心脏的功能状态相一致，因此，通过对心电图变化的对比分析，可以判断出心脏功能的变化情况。

心肌细胞在静止状态时，细胞膜外面带有正电荷，细胞膜内面带有负电荷，相互对立，形成细胞内、外 80～90mV 的电位差。当细胞静止时，这种电位差处于相对稳定和平衡的状态，互不交流，故没有电流产生。一旦某处心肌细胞受到激动或刺激时，则大量阳离子通过细胞膜进入细胞内，使细胞膜两侧的电荷出现逆转，与邻近的组织细胞之间形成电位差而产生电流，此电流不断沿着细胞膜传导，直到全部心肌细胞产生除极化，随后又形成复极化过程，如此周而复始，循环不息。上述生物电的规律性变化可以用传感电极收集起来，用电流计定量并加以放大，便可以获得心肌细胞电生理活动的状况。

心电图机的种类很多，其构造包括电流计、电流放大装置及记录装置三个主要部分。其中电流计有弦线式电流计、线圈转动式电流计，电流放大装置可分为光学放大、真空管放大及晶体管放大，记录装置有照相感光式、直接观察式及直接描记式，直接描记式又分墨水式、热笔式等。目前应用最普遍的是直接描记型心电图机,这种心电图机的主要工作原理是将产自体表引来的电位差变化加以放大,然后导入线圈,当电流通过线圈时产生电磁场,电磁场力与固定磁场力发生相吸和相斥作用,使线圈在磁场中转动,经过线圈上的轴带动描笔,从而在心电图纸上描出与心电变化相应的一系列波形。

4.3.7 换能器

换能器(也称为传感器)是一种能将机械能、化学能、光能等非电量形式的能量转换成与之有确定函数关系的电能的一种变换装置。在实验中,换能器的使用能使生物体与实验仪器进行直接偶合,将生物体的生理信息如体温、血压、血流量、呼吸流量、脉搏、生物电、渗透压、血气含量等"拾取"出来,传送至电子测量仪器进行测量、显示和记录。

换能器按照工作原理的不同,可分为物理型、化学型、生物型三类,动物实验中的种类常用的有以下几种。

图 4-38 张力换能器

张力换能器 张力换能器(图 4-38)主要用于记录肌肉收缩曲线,能将张力信号转换成电信号输入。张力换能器有一个金属弹性梁(根据机械力的大小,选用不同厚度的弹性金属制成),梁的两面分别贴有两组应变片,应变片有电阻式与半导体式两种,两组应变片之间接一只调零电位器,并用5V直流电源供电,组成差动式的惠斯登桥式电路。

实验时根据测量方向,将张力换能器的固定杆用双凹夹或微调固定器固定在合适的支架上,将标本悬挂在梁臂的头端,然后使换能器的输出端与记录仪器相接。接通电源后,先调节记录仪器放大部分的零平衡,基线若偏移零位,应调节换能器的调零电位器。当标本运动的力作用于弹性梁时,使其产生轻微位移,一组应变片的电阻丝被拉长,阻值增加,而另一组应变片的电阻丝缩短,阻值减少,标本的牵拉改变了桥臂的电阻值,电桥失去平衡,产生电位差,即有电流输出。此电流经过记录仪器的放大,就能记录出标本运动变化的过程。

张力换能器有 10g、30g、50g 等不同的量程,使用时应根据需要加以选择。安装时既要保证受拉方向与换能器弹簧片的平面垂直,又要保证受拉方向正确。受拉方向指向弹簧片引出口间隙较大的一方。

使用张力换能器时应注意以下事项:

(1) 在使用时不能用手牵拉弹性梁和超量加载。张力换能器的弹性悬臂梁其屈服极限为规定量程的 2~3 倍,如 50g 量程的张力换能器,在施加了 150g 的力后,弹性悬臂梁将不能恢复其形状,即弹性悬臂梁失去弹性,换能器被损坏。测力时过负荷量不能超过满负荷量的 20%。

（2）要防止液体进入换能器内部。张力换能器内部没有经过防水处理，液体滴入或渗入换能器内部会造成电路短路，损坏换能器。

（3）换能器应避免摔打和撞击，调零时不得用力过大，否则易损坏电位器。

（4）换能器初次与记录仪器配合使用时，需要定标。定标时先将换能器与主机通电连接好，预热 10min。正式定标前应先用满量程砝码预压两次，然后按等重量（满量程的五分之一）逐一加砝码到满量程，这时在记录仪器上应得到相应的等距离的定标线。

压力换能器 压力换能器主要用于测量血压、心内压等。它能将压力的变化转换成电能形式，再经记录仪器放大后输出。电信号的大小与外加压力的大小呈线性相关。

压力换能器的测量范围因型号不同而异，有 -10～+10kPa 和 -10～+40kPa 两种。-10～+10kPa 型用于测量静脉血压，-10～+40kPa 型用于测量动脉血压。工作原理与张力换能器一样，其内部由应变丝（或半导体）组成一惠斯登电桥，形成一个非粘贴式的敏感度很高的理想应变电桥。加上桥压，当桥臂电阻均处于平衡状态时，则桥路输出为零。当压力作用在膜片上，应变丝也产生相应的变形，这时电阻也随之改变，其中有一臂电阻减少，另一臂电阻增加，从而破坏了应变电桥的平衡状态，引起随压力大小成比例变化的电压输出。

压力换能器上面有一透明罩，罩与两根塑料管相连，一根为排气管，一根为测压管（图 4-39）。做液体偶合压力测量时，要将换能器透明罩内充满抗凝剂稀释液，并排净透明罩和测压管内的气泡，以免造成压力波形的失真。使用时应使压力换能器处于固定位置，尽可能保持测压管的开口处与换能器的感压面在同一水平面上，避免静水压误差的引入。

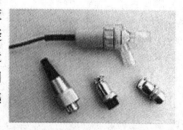

图 4-39 压力换能器

接通换能器前应先调好记录仪器放大部分的平衡，使基线位于零线。一旦开始测压，不可随意调零。

使用压力换能器时还应注意以下事项：

（1）压力换能器与主机连接好后，要通电并预热 15～20min，通大气压调零后再开始测压。

（2）压力换能器有一定的测压范围，使用时要注意被测压力的大小，根据用途选择合适量程的压力换能器，对超过检测范围的待测压力不能测量。

（3）严禁用注射器从侧管向闭合的测压管道内推注液体，以免损坏换能器。

（4）测量过程中如需进行零位校正，可以事先用两个医用三通管分别接在换能器的两个接嘴上，其中一个用来沟通大气压，另一个用来关闭测压管。

（5）避免猛力碰撞或摔打压力换能器。

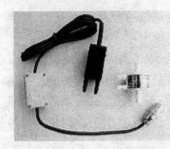

图 4-40　呼吸流量换能器

（6）初次与记录仪器配合使用时，需要定标。

呼吸流量换能器　呼吸流量换能器由一个差压换能器和一个差压阈组成，可以测呼吸波（潮气量），也可以测呼吸流量（图 4-40）。换能器初次与记录仪器配合使用时，也需要定标。

5 实验数据的处理与统计分析

生物医学实验中,实验结论大多是以实验数据的处理与统计分析结果作为依据,因此,实验数据的处理与统计分析也是实验的重要组成部分。由于一些错误的实验结论或误差都是在实验数据的采集、处理、统计分析过程中产生的,所以,我们必须重视对实验数据的处理与统计分析。

5.1 实验数据的分类

在对实验数据进行处理和统计分析前,首先应该区分原始数据的性质和类型。因为不同类型的实验数据,其度量的精度不同,处理和统计分析方法也不同。通常,我们将实验数据分为定量资料和定性资料两大类型,每个类型中包含了不同的度量精度和类别等级。

5.1.1 定量资料

定量资料也称计量资料,是指以具体测量数值为表述方式的资料。一般是用度量衡等计量工具直接测定的,有相应的测量单位。定量资料是数据度量的最高级形式。如测量动脉血压(kPa)、动物体重(kg)、药物浓度(mg/ml)等所获得的具体数值,都属于定量资料。定量资料在度量时要注意使用标准单位和恰当的精度。

有些研究者还将定量资料的度量方式分为两种,一种是等差区间度量,另一种是等比例度量。两者均有等标度差等量的特征,但前者的零点无特殊意义,只是一个普通的刻度,不包涵"无"、"没有"或"不存在"的含义。如温度 0℃ 不是没有温度,也不能认为 100℃ 的温度比 50℃ 高 1 倍。而后者(等比例度量)则有等标度比等量的特性,例如在体重测量方面,100kg 与 50kg 之差和 75kg 与 25kg 之差是相同的,均为 50kg。我们还可以说 100kg 比 50kg 重 1 倍。但相比较而言,如果在等差区间度量中说 20℃ 比 10℃ 热 1 倍就令人难以接受了。等比例度量的另一个特性是"0"为一个特殊的数值,意味着无,意味着起始点(如 0kg)。

5.1.2 定性资料

定性资料也称等级资料,是指将研究对象按某种属性进行分类记录的资料。如实验结果的阳性与阴性、动物的生存与死亡、生理状态的兴奋与抑制、人的患病与未患病等。等级资料又可以根据各分类之间是否存在大小、多少的排序特征,分为有序分类资料和无序分类资料两种。

有序分类资料 有序分类资料是指各类之间有程度差别的资料,也称等级资料或半定量资料。例如,进行血清学检查时,抗体的滴度可以分为 − 、± 、+ 、+ + 、+ + + 几个等级。观察某种药物的疗效,可以分为治愈、显效、好转、无效等级别。在生理科学实验中观察到的动物唾液分泌的多少和肌张力强弱的判断等,都属于这类资料。

无序分类资料 无序分类资料是指各类之间无程度差别的资料,无法进行优劣比较。它又包括二项分类和多项分类。如检查粪便中有无蛔虫卵,结果可以是阴性或阳性。人的血型可以分为 A 型、B 型、AB 型或 O 型。

定性资料所获得的结果通常以每一类别的样本数来表达,其度量精度较之定量资料要差一些。在统计分析中,习惯于将实验数据(资料)分为计量资料、等级资料和计数资料三种类型,分别相当于这里介绍的定量资料、有序分类资料和无序分类资料。根据统计分析的需要,各类资料的属性可以相互转化。如定量资料进行区间归类后可以成为等级资料,等级资料分级细化后即可视为定量资料。

5.2 实验数据的质量评价

实验中获得的原始实验数据,是后续分析的基础和导出科学结论的依据,实验数据的质量直接影响到实验结果的科学性和可靠性。对数据质量的评价一般有三个方面,即数据的完整性、准确性和精确性。

5.2.1 数据的完整性

数据的完整性是指要按照设计要求收集所有的实验数据。如果因为一些意外原因或不能人为控制的因素而导致部分实验数据缺失(如动物意外死亡、标本损坏等),应尽可能地补充这部分实验并获取数据。对于不可补救的实验(如实验材料短缺或资金不足等),应科学地处理缺失数据,决不能任意添加。数据完整性的另一层含义是指应将所有实验数据用于分析过程,不能因为某些数据与实验者预期的结果有较大差距而随意删除,或不引入分析过程。如果某些数据确有特异之处,应确定这些数据是否属于极端值或特异值,除非查找到确凿的原因(如某个实验步骤操作不当),否则,应按照统计学方法进行科学判断,以决定取舍。

5.2.2 数据的准确性

数据的准确性是指数据是否准确可靠,能否真实地反映实验的客观事实。影响实验数据准确性的因素包括系统误差和人为误差两方面。由于实验仪器或方法所造成的误差属于系统误差,系统误差往往对所有样本都有相似的影响,而对各组之间的差值影响较小。而人为误差是在数据收集过程中出现的过失误差,如读错刻度、点错小数点、抄错数字、弄错度量衡单位、换算错误等。这种误差往往很大,而且有很大的偶然性,因此应特别加以注意。另外,要杜绝实验者根据个人意愿对实验数据做任何篡改或杜撰,这有悖于实验的目的,也违反了实事求是的原则,应当力戒。

5.2.3 数据的精确性

数据的精确性是指测量数值的精度。通俗地说就是保留多少位小数或保留多少位有效数字。这是一个容易与准确度混淆的概念。如称量一个实际重量为1.0053g 的样本,在粗天平所获得的数据只能是 1g 或 1.01g,尽管在该天平上所能达到的精度范围内得出的结果是准确的,但其精确度不够。当然,测量数据的表述也不是精确度越高越好,应当结合实际情况,如称量一只家兔,得出 1.856kg 的数据,看起来精确度很高,但无实际意义,因为家兔的给药是以 kg 为单位计算的,无论从注射器吸取药液的角度,还是从动物的个体差异来看,这种所谓的精确都无实际意义。另外,在处理精确性问题时,要注意各组数据间精确度的一致性和数据转换时有效数字的一致性。同时必须清楚,只有建立在准确性基础上的精确性才有实际意义。统计学上对批量数据的质量有一定的检测方法,利用效度检查可以判断系统误差,利用信度检查可以评价抽样误差。

5.3 实验数据的一般处理

5.3.1 数据的逻辑检查

在数据分析开始前,首先应对数据进行逻辑检查,以避免数据出现大的偏差。这些偏差可能来自原始数据(如实验时加错试剂),可能来自数据录入过程(如错行、错列或点错小数点),也可能来自后续处理的数据转换过程。逻辑检查最简单的方法是检查最大值和最小值,看这些极值是否在可能的范围。如 pH 为 73.6 可能是点错了小数点,记录血压值为 120kPa 可能是记错了单位。如果发现了离奇或不合逻辑的数据,应该进行复查,找出差错的原因并进行纠正。

5.3.2 偏离数据的判断和处理

个体数据偏离其所属群体数据较大,并且经证实确为实验所得时,被称为偏离数据。偏离数据有两种类型,即极端值和奇异值。个体数据偏离群体超过 3 倍的四分位数间距时被定义为极端值,而偏离 1.5~3 倍四分位数间距时被定义为奇异值。

对偏离数据的处理通常用敏感性分析方法,即将这些数据剔除前后各做一次分析,若对结果没有本质的影响,则不予剔除。若结果矛盾并需要剔除,必须给予充分合理的解释。最好实验能够重做,以使结论更加可靠。

5.3.3 缺失数据的处理

由于实验中可能遇到的各种各样的原因,最终数据可能是不完整的,即产生了所谓的缺失数据。处理缺失数据最简单的方法是剔除缺失数据所属的观察单位，但该方法浪费信息严重，特别是在变量较多的情况下。为避免浪费信息，采用的方法是仅剔除分析过程所涉及的缺失数据。例如，在做 10 个变量的两两相关分析时，某一个变量的缺失数据只在该变量与其他变量的相关分析中被剔除，而其他变量之间的相关分析并不失去该缺失数据所属的观察单位。也可以在动物实验分组时，对动物组数及每组动物数留有一定的余量，如发生动物死亡或标本无法提取，在确认缺失与实验因素无关的情况下，用余量数据补充缺失数据。

　　处理缺失数据最复杂的方法是用统计学的方法估计缺失数据，该方法的优点是充分利用了信息，但计算复杂，操作难度较大。

5.4　实验数据的统计分析

5.4.1　统计方法的选择

　　统计方法的选择应该是在实验设计阶段就确定的，不同性质和类型的资料应选用不同的统计方法。每一种统计方法都有其特定的适用条件，恰当地选择统计方法可以使实验资料的信息利用率增加，误差减少。

　　生理科学实验所涉及的实验设计一般都比较简单，以单因素设计为主，少数为简单的双因素设计，所获得的数据资料也就分为单变量资料和简单的双变量资料，单变量资料又分为计量资料、计数资料和等级资料三类，不同的资料类型对应有不同的统计分析方法。

　　计量资料　计量资料一般用算术均数、中位数、几何均数等来描述资料的集中趋势，用极差、标准差、变异系数等来描述资料的离散程度。当需要做假设检验时，若为两组均数的配对资料，可选用"配对 t 检验"。若为两组均数的非配对资料，可选用"两样本 t 检验"或"两样本比较的秩和检验"（不能满足正态性分布和方差齐性要求时）。若为多组均数的资料，可用各种类型的方差分析或秩和检验。

　　等级资料　对于等级资料，做假设检验时建议使用秩和检验方法。两组比较时，配对资料用"差值符号秩和检验"，非配对资料用"两样本秩和检验"。多组资料比较时，用"多组等级资料秩和检验"。等级资料也可以用卡方检验处理。

　　计数资料　计数资料的统计描述一般用率、构成比、相对比等指标。做假设检验时，两个率的比较，配对资料用"配对卡方检验"，非配对资料可以用"卡方检验"，也可以用"两样本 u 检验"。对于多个样本率或构成比的比较应选用"卡方检验"。

　　双变量资料　对于计量性质的双变量资料，选用的统计方法包括直线相关、直线回归和曲线回归。其中曲线回归主要用于处理像指数曲线、双曲线、多项式曲线及生长曲线之类的资料。

　　医学统计的具体内容相当复杂，以上仅就常用的统计方法作原则上的介绍。要了解医学统计的细节，请参阅相关的专业书籍。

5.4.2 应用 Excel 进行数据的统计分析

Microsoft Excel 2000 是一个功能强大的电子表格管理程序,它可以建立、编辑、计算和管理各种类型的电子表格以及自动处理数据,也可以产生与原始数据相链接的各种类型的图表。该应用程序与 MedLab 生物信号采集处理系统直接链接,是我们进行实验数据处理和统计分析的一个很好的工具。

Excel 的基本知识 Excel 的基本知识包括启动 Excel 软件、窗口简介等。

(1) Excel 的启动 启动 Excel 的方法很多,比较"循规蹈矩"的做法是在 Windows 98 或 Windows 2000 中单击"开始"按钮,显示出系统菜单,选中系统菜单中的"程序"菜单项,弹出下一级菜单,从弹出菜单中选择"Microsoft Excel"选项,单击,这样就启动了 Excel,并建立一个空工作簿文档。

用鼠标左键双击桌面上的"Microsoft Excel"图标,可直接打开 Microsoft Excel 的工作窗口。

实验时,在 MedLab 生物信号采集处理系统的快捷工具栏中点击 Microsoft Excel 应用程序链接按钮,也可随时进入 Microsoft Excel 工作窗口。

(2) Excel 窗口简介 Excel 的工作窗口由六个部分组成,它们从上至下分别是标题栏、菜单栏、工具栏、编辑栏、工作簿窗口和状态栏(图 5-1)。

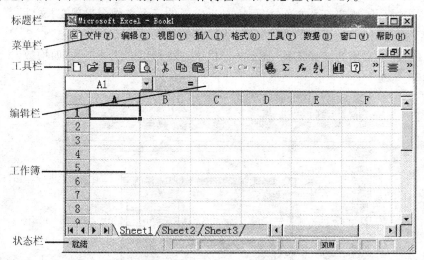

图 5-1 Excel 的工作窗口

菜单栏为使用 Excel 的各种命令提供了便捷的途径。菜单栏中的每个菜单含有多种选项,如"文件"菜单显示处理文件的各种命令,"编辑"菜单显示各种编辑命令。当需要使用某个命令时,只要选择相应的菜单项,单击鼠标左键,就可以执行该命令。

工具栏提供了菜单栏中菜单的快捷方式,每个快捷工具按钮均对应于菜单栏中的一个菜单。

编辑栏是 Excel 独有的,显示活动单元格的内容和公式,并允许用户对当前活动单元格的内容或公式进行编辑。完成数据键入或编辑后,单击"确定"或按回车键结束。或单击"取消",取消所做的修改及输入。

工作簿窗口为 Excel 的主体。系统默认一个 Excel 文件有三个工作簿,分别命名为"Sheet1"、"Sheet2"和"Sheet3"。工作簿可以增加或减少。工作簿由单元格组成,单元格以它的坐标命名,如单元格 A1 是指 A 列第一行的那个单元格,即最左上角的单元格。

(3) 数据输入 打开 Excel 时,程序会自动创建一个 Excel 新文件,将鼠标移动到需要输入数据的单元格,并单击鼠标,在单元格或编辑栏中输入数据,并按回车确认。

用 MedLab 生物信号采集处理系统进行实验时,可以通过点击"处理结果入表"快捷按钮,输入实验数据。点击"数据窗"快捷按钮,可查看电子表格中的内容。

(4) 保存文件 选取菜单栏"文件"选项下面的"保存"或点击"保存"快捷工具按钮,并在弹出的对话框中指定文件存放路径及文件名,点击"保存"按钮保存文件。

(5) 打开文件 要打开一个已有的文件,选取菜单栏"文件"选项下面的"打开"或点击"打开"快捷工具按钮,并在弹出的对话框中指定文件存放路径及文件名,点击"打开"按钮打开文件。另外,最近编辑的三个文件会出现在"文件"菜单项的最下方,鼠标单击所要的文件,即可直接打开该文件。

Excel 中常用的统计工具 Excel 提供了一些常用的统计工具,如均数、方差、t 检验等。

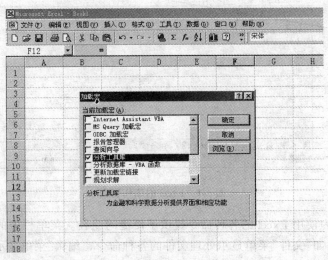

图 5-2 在 Excel 中加载数据分析工具库

第一次使用 Excel 的统计功能时,需要加载数据分析工具库,加载的方法是选取菜单栏的"工具",在弹出的下拉菜单中点击"加载宏",弹出对话框,将对话框的"分析工具库"选项前方的小方框(复选框)选定(图 5-2),再点击"确定"按钮结束加载。这时在菜单栏的"工具"中就会出现"数据分析"选项。

当需要进行某项统计时,选取菜单栏"工具"下拉菜单中的"数据分析"项并点击鼠标,就会弹出数据分析工具箱对话框(图 5-3),再在对话框中选取所需要的统计工具并点击,就可以进入相应的统计工具对话框。

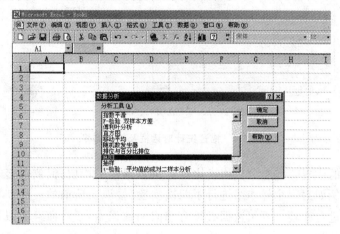

图 5-3 数据分析工具箱对话框

生理科学实验中常用的统计方法有描述统计(均数、标准差)、方差分析、t 检验、回归、相关系数等。下面简单介绍在 Excel 中如何进行这几项统计。

(1)描述统计 描述统计的基本操作如下(图 5-4)。

选择"工具"菜单中的"数据分析",弹出数据分析工具箱,再选择"描述统计",弹出"描述统计"对话框。

将分组方式设为"逐列",选中汇总统计。"第 K 大值"和"第 K 小值"是用于排除最大值和最小值的,可根据需要选择。

点击对话框"输入区域"右边的有红色箭头的小按钮,弹出区域选择对话框,在工作簿内拖动鼠标,选择要统计的数据区域后关闭该对话框。

点击"输出区域"前面的小圆点,将统计结果输出到同一工作簿。再点击"输出区域"右方有红色箭头的小按钮,选择统计结果的输出区域。

点击"确定",描述统计结果即出现在指定的区域中。

描述统计共产生 13 个统计量值,他们分别是平均值、标准误差、中值、模式、标准偏差、样本方差、峰值、偏斜度、区域、最小值、最大值、求和和计数。

(2)t 检验 在 Excel 中提供了三种进行 t 检验的方法:平均值的成对二样本分析、双样本等方差假设和双样本异方差假设。

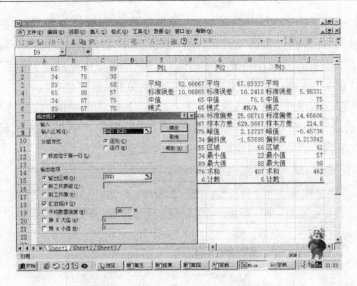

图 5-4   描述统计对话框及统计结果

平均值的成对二样本分析用于比较两组数据的平均值,但数据必须是自然成对出现的。例如对一个样本组进行了两次实验,抽取实验前的一次和实验后的一次实验数据进行检验。两组数据必须有相同的数据点个数,而且不假设两个总体的方差是相等的。

双样本等方差假设是假设两个样本的方差相等,来确定两样本的平均值是否相等。

双样本异方差假设是假设两个样本的方差不相等,来确定两样本的平均值是否相等。

以上三种 t 检验方法的操作基本一致。先打开"t 检验"对话框,指定"变量 1"和"变量 2"的输入范围,再选择输出区域,点击"确定"按钮,即取得统计结果(图 5-5)。

(3) 方差分析   方差分析一般是用于通过检验多组数据的平均值来确定这些数据集合中提供的样本平均值是否也相等。Excel 有三种方差分析工具:单因素方差分析、可重复双因素方差分析和无重复双因素方差分析(图 5-6)。

单因素方差分析是通过简单的方差分析,对两个以上样本进行相等性假设检验。此方法是对双均值检验的扩充。

可重复双因素方差分析是对单因素分析的扩展,要求对分析的每组数据有一个以上样本,而且数据集合必须大小相同。

无重复双因素方差分析是通过双因素方差分析(但每组数据只包含一个样本),对两个以上的样本进行相等性假设检验。

单因素方差和无重复双因素方差分析的操作方法一致。先打开"单因素方差分析"对话框,再定义输入区域,选择分组方式为"逐列",并选中"标志位于第 1 行"

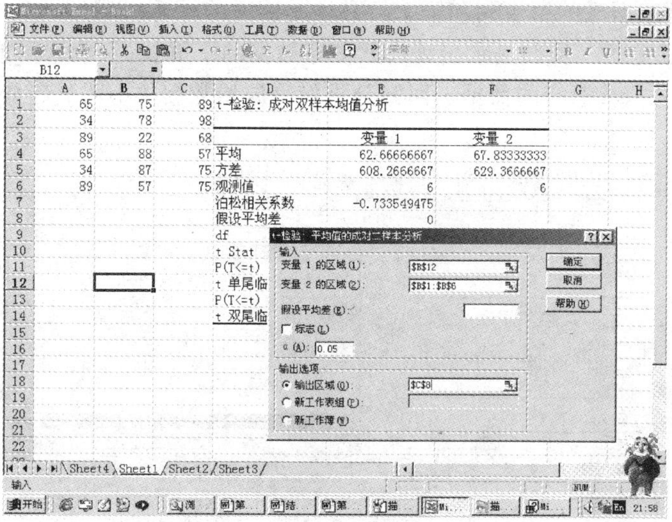

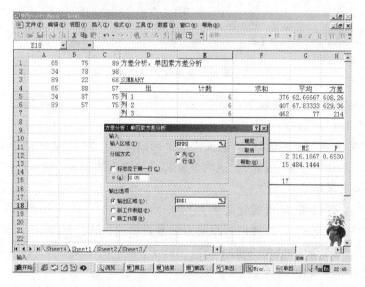

图 5-5 t 检验

图 5-6 单因素方差分析和无重复双因素方差分析

复选框。定义输出区域和检验水准 α(Excel 默认 α 为 0.05),点击"确定"按钮即取得统计结果。

可重复双因素方差分析操作方法是先打开"可重复双因素方差分析"对话框,定义输入区域、输出区域和检验水准 α(Excel 默认 α 为 0.05),单击"确定"按钮即取得统计结果。

该工具对输入区域内的数据排放格式有两点特殊规定,一是数据组要以列方式排放,二是数据域的第1列和第1行必须是因素的标志。

(4) 回归分析 回归是求出锯齿状分布数据的平滑线,一般用图形表示,以直线或平滑线来拟合散布的数据。回归分析使得原始数据的不明显趋势变得清晰可见(图5-7)。

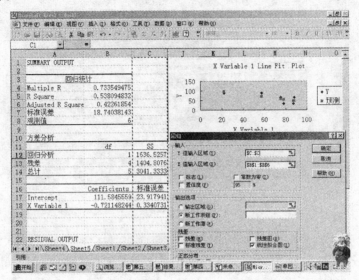

图 5-7 回归分析结果及线性拟合图

回归分析的操作过程如下:

打开"回归"对话框。

指定"X 区域"和"Y 区域"的输入范围。回归采用一系列 X-Y 值,即用每个数据点的坐标来计算结果,因此,上述两个框都必须填入数值。

选择输出区域。

单击"确定"按钮,取得统计结果。

在回归对话框中,将线性拟合图前方的复选框选中,即可生成线性拟合图。

回归公式 $Y = a + bX$ 中的 a 等于 Intercept 中的 Coefficients 值,b 等于 X Variable 1 中的 Coefficients 值。

统计结果的回归统计项中的 Multiple R 值即为两组数据的相关系数。

(5) 相关系数 相关系数表明某个数据集合是否与另一个数据集合有因果关系。相关系数工具检查每个数据点与另一个数据集合对应数据点的关系。如果两个数据集合变化方向相同(同时为正或同时为负),就返回一个正数,否则返回负数。两个数据集合变化越接近,他们的相关性就越高。相关值为"1"表明两组数据的变化情况一模一样,相关值为"-1"表明值的变化情况刚好相反。相关系数也可以用回归分析的方法求得。

相关系数的统计操作过程如下(图5-8):

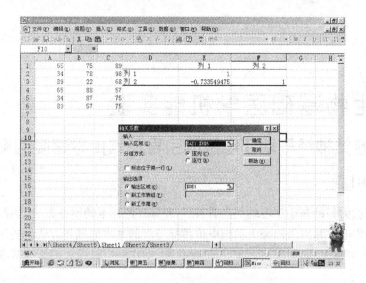

图 5-8 相关分析对话框及统计结果

打开"相关系数"对话框。

指定输入区域。

选择输出区域。

单击"确定"按钮,取得统计结果。

5.4.3 应用计算器进行数据的统计分析

对于一些简单的数据计算,也可以直接用普通的计算器进行统计分析。

在使用计算器进行数据统计计算时,首先应参看所使用的计算器的说明书,熟悉该计算器的各个功能键。在进行统计时,要将计算器的状态置于统计计算状态,如标准偏差值(SD)状态或回归(REG)状态,并清除原来所保存的数据(尤其是此前用此状态进行过数据统计)。然后分别输入数据或 X、Y 变量,数据输入完成后,可用计算器的有关键来显示所输入数据的平均数、标准差、标准误、总和、平方和、固定常数项、回归系数、相关系数等。

如果计算器可以进行简单的编程,则可以将计算器置于编程状态,清除原有的程序,根据所要计算的统计分析值的计算公式进行编程。编程完成核对正确后,将计算器换入函数(COMP)状态,调入所编程序区进行计算。一般在实际使用前,先用有正确结果的数据输入程序,检验其给出的结果是否正确,当确认无误后再用于实际计算。

具体操作请参阅所使用型号的计算器的说明书。

6 生物基础医学机能实验

6.1 蛙类神经干动作电位的引导及其传导速度的测定

【实验目的】

本实验的目的在于学习蛙类坐骨神经-胫腓神经标本的制备方法,学习引导神经干复合动作电位和测定神经干动作电位传导速度的基本原理和方法。进一步熟悉神经的兴奋、兴奋性、阈刺激、动作电位的潜伏期、动作电位时程和幅值等基本概念。

【相关知识】

各种可兴奋细胞在受到刺激而兴奋时,可以在细胞膜静息电位的基础上发生一次短暂的、可向周围扩布的电位波动,这种电位波动就称为动作电位。有生物活性的神经纤维具有一定的兴奋性,当受到足够强度的刺激后,其膜电位会发生改变而产生动作电位,这是神经纤维兴奋的标志。在刺激时间一定的情况下,刚好能引起神经纤维兴奋(产生动作电位)的最小刺激强度称为阈刺激,神经纤维的兴奋性高低与阈刺激之间具有反变关系。

当给予神经干一定强度的电刺激时,神经纤维膜上有外向电流通过,由于膜是具有一定电阻的,于是在膜两侧会产生一个内正外负的电压降,这个电压降使得膜两侧原有的内负外正的静息电位减小,静息电位减小到一定程度时就会引起膜的通透性的改变,即膜对 Na^+ 的通透性突然增大,引发膜两侧电位倒转的电位变化,此时在神经干表面记录到的这种可扩布的电位变化就是神经干动作电位。

将两个引导电极置于正常完整的神经干表面,当神经干一端受刺激兴奋后,兴奋波(动作电位)会向未兴奋处传导,先后通过两个引导电极时,便可记录到两个方向相反的电位偏转波形,此称为双相动作电位。神经干动作电位的传导,要求神经在结构和功能上是完整的,如果将两个引导电极之间的神经组织损伤(或麻醉、低温处理等),即破坏了神经结构上的连续性或功能上的完整性,可以阻滞动作电位的传导,兴奋波只能通过第一个引导电极,不能传导至第二个引导电极,这样就只能记录到一个方向的电位偏转波形,此称为单相动作电位。

单根神经纤维的动作电位具有"全或无"现象,即不论使用何种性质的刺激,只要达到一定的强度,所引起的动作电位的波形和变化过程都是一样的,在刺激强度超过阈刺激以后,即使再增加刺激强度,也不能使动作电位的幅度进一步加大。而神经干是由许多粗细不等的有髓和无髓神经纤维组成,故神经干动作电位与单根神经纤维的动作电位不同,它是一种由许多神经纤维动作电位合成的综合性电位变化,是一种复合动作电位。另外,本实验采用的是细胞外记录动作电位的方法,与细胞内记录也不同。所以,神经干动作电位的幅度在一定范围内可随刺激强度的增加而增大。

动作电位的传导有一定速度,不同类型的神经纤维其传导速度(v)不同,这与神经纤维的直径、髓鞘的厚度及温度等有密切关系。一般说神经纤维越粗,传导速度越快,温度降低,传导速度减慢。蛙类坐骨神经干中以 Aα 类纤维为主,传导速度大约为 35～40m/s。测定动作电位在神经干上的传导距离(s)以及通过这段距离所需要的时间(t),即可根据 $v=s/t$,求出动作电位在此神经干上的传导速度。

当人的周围神经发生病变时,其动作电位的传导速度会减慢,因此测定人体的神经传导速度对神经纤维疾患的诊断和估计神经损伤的预后有一定的价值。

【实验材料】

青蛙或蟾蜍;MedLab 生物信号采集处理系统,神经标本屏蔽盒,动作电位引导输入线,电刺激输出线,蛙类解剖手术器械,滤纸,丝线,棉球,滴管,学生尺;林格液,1%盐酸普鲁卡因溶液。

【实验步骤】

1．制备蛙类坐骨神经-胫腓神经标本(方法见后附:蛙类坐骨神经-胫腓神经标本的制备方法)。

2．连接实验装置(图 6-1)。将放大器面板上的刺激器输出极性转换按钮撳下(正),在刺激器输出端口上连接一对刺激电极,刺激电极的正极(+)连接 S1,负极

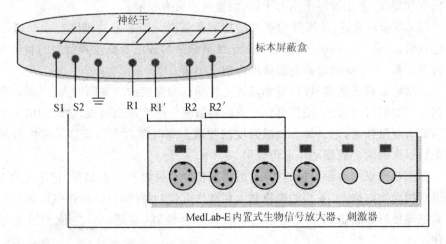

图 6-1　神经干动作电位及其传导速度测定装置示意图

(-)连接 S2,地线接地。两对引导电极的负极(-)分别连接在 R1 和 R2 上,正极(+)分别连接在 R1′和 R2′上,引导输入线的另一端分别连接生物信号放大器的第2、4 通道。注意避免连接错误或接触不良。

3. 实验参数设置。打开计算机,启动 MedLab 生物信号采集处理系统,按表6-1 进行本实验的计算机参数设置,或者直接选择"蛙类神经干动作电位的引导及其传导速度的测定"定制实验。

表 6-1   MedLab 系统实验设置参数

采 样	参 数		刺 激	参 数
显示方式	记忆示波		刺激方式	主周期刺激
触发方式	刺激器触发		主周期	1s
采样间隔	25μs		幅度	0.2~1V
采样通道	2(AC)	4(AC)	脉冲数	1
处理名称	神经干 AP	AP 传导速度	波宽	0.1ms
放大倍数	200	200	间隔	60ms
滤 波	全通 1kHz	全通 1kHz	延时	10ms
X 轴压缩比	1:1	1:1	周期数	连续
Y 轴压缩比	4:1~16:1	4:1~16:1		

4. 实验观察、记录和测量。

(1) 将分离好的神经干标本放置于神经标本屏蔽盒的电极上,神经干的中枢端放在刺激电极一侧,外周端放在引导电极一侧,神经应与每个电极密切接触,不要有扭曲或折叠现象。神经标本屏蔽盒内放置若干片浸湿林格液的滤纸,以增加盒内空气湿度,防止神经干迅速干燥,但盒内不可有积液。

(2) 启动刺激器,从零开始逐渐增加刺激强度。当强度达到刚能引起微小动作电位时,此强度为阈刺激(阈强度),记录阈刺激的数值。低于阈刺激的刺激强度为阈下刺激,大于阈刺激的刺激强度为阈上刺激。

继续增加刺激强度,可见双相动作电位随刺激强度的增加而增大,当刺激强度达到一定数值时,神经干动作电位不再随刺激强度的增加而增大,这时的刺激强度称为最大刺激强度,记录最大刺激强度的数值。此时在两个通道显示窗中可观察到先后形成的两个双相动作电位波形。

仔细观察双相动作电位的波形,适当调整刺激强度至波形最佳,记录此时第2通道双相动作电位上、下相的幅值和上相动作电位的持续时间(动作电位时程)。

把连接第 2 通道的引导电极的正负极互换位置,观察动作电位的波形有无变化。

测量第 2 通道双相动作电位的潜伏期(t_1)(从刺激伪迹开始出现到动作电位

起始点的时间)和第 4 通道双相动作电位的潜伏期(t_2),或直接测量 2、4 通道两个动作电位起始点的间隔时间(t)。

用学生尺仔细测量 R1 和 R2 两个引导电极之间的距离(s)。

(3) 用镊子在 R2 和 R2′两个引导电极之间夹伤神经干,再给予同样强度的刺激,观察 4 通道单相动作电位的波形,记录单相动作电位的幅值和动作电位持续时间(单相动作电位时程)。

用局部麻醉药在 R1 和 R1′之间进行阻断。先将药棉捻成细条状,浸入局部麻醉药液中片刻,然后用细棉条包裹神经干,1~2min 后再给予同样强度的刺激,记录 2 通道单相动作电位的幅值和动作电位时程。

比较单相动作电位的上升时间和下降时间的长短,分析与双相动作电位波形的差异及其原因。

5.计算神经干动作电位的传导速度。

$$v = s/(t_2 - t_1)(\mathrm{m/s})\text{或 } v = s/t(\mathrm{m/s})$$

【实验后处理】

1.打印出双相和单相动作电位的图谱。

2.列表 6-2 显示实验结果相关数值。

表 6-2　蛙类神经干动作电位的引导及其传导速度的测定实验结果

项　　目	数　　值(单位)
阈刺激	
最大刺激强度	
2 通道双相动作电位上相幅值	
2 通道双相动作电位下相幅值	
2 通道上相动作电位时程	
动作电位的潜伏期(t_1)	
动作电位的潜伏期(t_2)	
动作电位间隔时间(t)	
2 通道单相动作电位幅值	
2 通道单相动作电位时程	
动作电位传导速度(v)	

3.分析实验结果并写出实验报告。

【注意事项】

1.制备的蛙类坐骨神经-胫腓神经标本应尽可能长些,尽量避免损伤。

2．在制备神经干标本时,要经常用滴管在神经干上滴加林格液,保持神经干标本的湿润。但实验时神经标本屏蔽盒内不可有积液。

3．电刺激强度要逐渐增加,找到最大刺激强度后,再向下调整刺激强度至波形为最佳状态。

【思考问题】

1．如何鉴别刺激伪迹? 为什么会有刺激伪迹?

2．双相动作电位的上、下两相幅值是否相同? 为什么?

3．本实验所测出的动作电位传导速度能否代表组成该神经干的单个神经纤维的传导速度? 为什么?

4．互换第2通道引导电极位置的目的是什么?

附:蛙类坐骨神经-胫腓神经标本的制备方法

1．破坏脑和脊髓 左手握蛙,用示指下压吻端,拇指按压背部,使头前俯。右手持探针在头后缘枕骨大孔处,将金属探针垂直插入皮肤,再将探针头转向前方插入颅腔并左右摆动捣毁脑组织,然后将探针退出至枕骨大孔处,将针尖向后,插入椎管捣毁脊髓(图6-2)。待四肢张力降低,肌肉松弛,无自发运动时,即表示脑、脊髓已完全破坏。

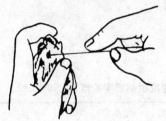

图6-2 蛙脑脊髓破坏方法

2．剪去躯干上部及内脏 在骶髂关节水平以上1cm处用粗剪刀剪断脊柱,将其头、前肢和内脏一并弃去,仅保留一部分腰背部脊柱及后肢。在腹侧脊柱的两旁可见到坐骨神经。

3．剥皮及分离两侧后肢 左手用组织镊捏住脊柱断端,右手捏住断端皮肤边缘,向下剥掉全部后肢皮肤。用粗剪刀从耻骨联合中央处剪开,从正中线将脊柱纵向分为两半,然后将分开的两侧后肢放在盛有林格液的小烧杯内备用。

4．分离坐骨神经(图6-3) 将一侧后肢用蛙钉固定于蛙板上,坐骨神经和腓肠肌朝上。先用玻璃分针沿脊柱侧分离坐骨神经腹腔部分,然后顺股二头肌和半膜肌之间的坐骨神经沟,纵向暴露和分离坐骨神经的大腿部分直至腘窝,将坐骨神经小心分离出来,在脊柱端用线结扎。然后继续向下,在腓肠肌两侧沟内找到并分离胫神经和腓神经,在近足趾端用线结扎。最后用粗剪刀将与坐骨神经连接的脊柱下部多余部分剪

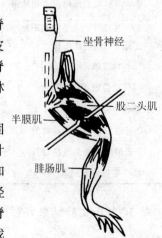

图6-3 坐骨神经标本示意图

坐骨神经
股二头肌
半膜肌
腓肠肌

去,但保留小块脊柱与坐骨神经相连。用镊子夹住这小块脊柱,将坐骨神经轻轻提起,逐一剪去细小的神经分支,分离出坐骨神经-胫腓神经标本。在分离过程中要把神经周围的结缔组织去除干净,尽量避免用金属器械触碰神经,也不要过度牵拉神经,同时经常滴加林格液,使神经保持湿润。

6.2 离体蛙类心脏灌注及药物的影响

【实验目的】

本实验的目的在于学习离体蛙心的制备方法和实验方法,观察 K^+、Ca^{2+}、药物、递质、温度、酸碱等诸因素对心脏活动的影响并分析其原理。学习 MedLab 生物信号处理系统的实验记录和实验结果处理方法。

【相关知识】

离体蛙心仍可具有节律性收缩,这是因为作为蛙心正常起搏点的静脉窦(其功能相当于人体心脏的窦房结)能产生自动节律,通过传导系统维持心脏的搏动。心脏正常的节律性兴奋和收缩活动必须在适宜的理化环境里才能维持,一旦适宜的环境被干扰或破坏,心脏活动就会受到影响。

本实验中蛙心离体后,用理化特性近似于其体液成分的林格液灌注,在一定时间内可保持节律性收缩和舒张。改变灌注液的组成成分和化学性质,心脏搏动的频率和幅度也将随之发生改变。

0.65% NaCl 溶液是冷血动物的等渗盐水,去甲肾上腺素、乙酰胆碱、阿托品分别为心脏受体的激动剂或拮抗剂,毒毛花苷 K(毒毛旋花子甙 K)是强心苷(甙)类药物,乳酸和碳酸氢钠可改变体液环境的 pH 值,低温可影响组织细胞的基础代谢。通过实验,可观察和分析以上因素对心脏的作用性质和影响程度。

【实验材料】

蟾蜍或青蛙;MedLab 生物信号采集处理系统,张力换能器(10g),微调固定器、铁支架,双凹夹,滑轮,蛙心插管,蛙心夹,蛙钉,蛙板,蛙类解剖手术器械,滴管,大烧杯,缝线;林格液,4℃ 的冷林格液,0.65% NaCl 溶液,2% $CaCl_2$ 溶液,1% KCl 溶液,3% 乳酸溶液,2.5% $NaHCO_3$ 溶液,$1:10\,000$ 去甲肾上腺素溶液,$1:100\,000$ 乙酰胆碱溶液,$1:2000$ 阿托品溶液,0.025% 毒毛花苷 K 溶液。

【实验步骤】

1. 制备离体蛙心

(1) 取一青蛙或蟾蜍,用金属探针破坏脑和脊髓,然后仰位固定在蛙板上。剪开胸腔,暴露心脏,用小镊子夹起心包膜,沿心轴剪开心包膜,仔细识别心房、心室、动脉圆锥、主动脉、静脉窦、前后腔静脉等部分(图6-4)。

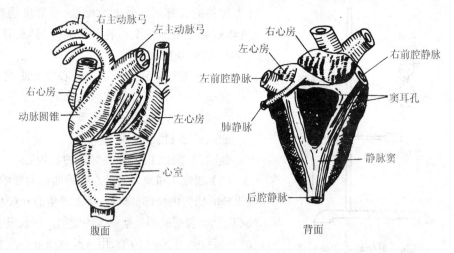

右主动脉弓　左主动脉弓

右心房　左心房　右前腔静脉

左前腔静脉

右心房

动脉圆锥

左心房

肺静脉

窦耳孔

心室

静脉窦

后腔静脉

腹面　　　　　　　背面

图 6-4　蛙心结构图

　　(2) 在右主动脉下穿一根缝线并结扎,再在左、右主动脉下穿一根备用缝线。用玻璃分针将蛙心尖向上翻至背面,以备用缝线在静脉窦下将前、后腔静脉和左、右肺静脉一起结扎(注意切勿扎住静脉窦)。将蛙心恢复原位,在左主动脉下穿两根缝线,用一根缝线结扎左主动脉远心端,另一根缝线在左主动脉近心端靠近动脉圆锥的上方系一松结备用。提起左主动脉远心端结扎线,用眼科剪在左主动脉上靠近动脉圆锥处剪一斜口,将盛有少量林格液的大小适宜的蛙心插管由此口插入,插至动脉圆锥时,略向后退,在心室收缩时,沿心室后壁方向向下插,经主动脉瓣插入心室腔内(不可插入过深,以免心室壁堵住插管下口)。插管若成功进入心室,管内液面会随着心室搏动而上下移动,此时将左主动脉下近心端的备用松结扎紧,并将结扎线固定在插管侧面的小突起上,以免插管滑脱出心室(图 6-5)。

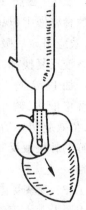

图 6-5　插管插入心室示意图

　　(3) 提起插管,在结扎线远端分别剪断左主动脉和右主动脉,剪断左、右肺静脉和前、后腔静脉,将心脏离体。用滴管吸净插管内余血,加入新鲜林格液,反复数次,直到液体完全澄清。保持灌注液面高度在 1cm 左右,即可进行实验。

　　2. 连接实验装置(图 6-6)。用试管夹将蛙心插管固定于铁支架上,用蛙心夹小心夹住离体蛙心的心尖部位,将蛙心夹上的缝线连接于张力换能器的弹性梁上(切勿让蛙心和换能器的弹性梁受到过度牵拉),调节张力换能器的高度,给予相当于 2g 的负荷。将张力换能器的输入线连接至生物信号放大器的第 1 通道。

　　张力换能器内部没有经过防水处理,液体滴入或渗入张力换能器内部会造成电路短路,损坏换能器,所以在固定换能器时要避免与蛙心在一条垂直轴线上。

　　3. 实验参数设置。打开计算机,启动 MedLab 生物信号采集处理系统,按表 6-3 进

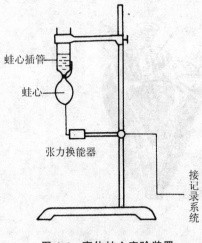

蛙心插管

蛙心

张力换能器

接记录系统

图 6-6　离体蛙心实验装置

行本实验的计算机实验参数设置,或直接选择"离体蛙类心脏灌注及药物的影响"定制实验。

4．实验观察和记录

(1) 仔细观察和记录正常蛙心收缩曲线。

曲线幅度:代表心脏收缩的强弱。

曲线规律性:代表心搏的节律性。

曲线疏密:代表心搏频率。

曲线的基线:代表心室舒张的程度。

(2) 观察无机离子对蛙心收缩曲线的影响。吸出蛙心插管内全部林格液,换入等量的 0.65% NaCl 溶液,观察蛙心收缩曲线的变化。待效应变化明显后,吸出 NaCl 溶液,用新鲜林格液换洗数次,直至蛙心收缩曲线恢复正常。

加 1～2 滴 2% CaCl$_2$ 溶液于新换入的林格液中,观察蛙心收缩曲线的变化,效应明显后吸出灌注液,用新鲜的林格液反复换洗,直至曲线恢复正常。

加 1～2 滴 1% KCl 溶液于新换入的林格液中,观察蛙心收缩曲线的变化,待效应明显后迅速吸出灌注液,用新鲜的林格液反复换洗,直至曲线恢复正常。

表 6-3　MedLab 系统实验设置参数

采　样	参　数
显示方式	连续记录
采样间隔	20ms
采样通道	1(DC)
处理名称	张力
放大倍数	100
滤　波	全通 10kHz
X 轴压缩比	50:1～100:1
Y 轴压缩比	2:1～8:1

(3) 观察受体激动剂和拮抗剂对蛙心收缩曲线的影响。加 1～2 滴 1:10 000 去甲肾上腺素溶液于蛙心插管的灌注液中,观察蛙心收缩曲线的变化,待效应出现明显后,用新鲜的林格液换洗,直至曲线恢复正常。

加 1 滴 1:100 000 乙酰胆碱溶液于蛙心插管的灌注液中,观察蛙心收缩曲线的变化,待效应出现明显后,用新鲜的林格液换洗,直至曲线恢复正常。

在蛙心插管的灌注液中滴入 1:2000 阿托品溶液 1 滴,观察蛙心收缩曲线的变化,然后再滴入 1 滴 1:100 000 乙酰胆碱溶液,观察曲线变化与前次滴入乙酰胆碱有何不同。

(4) 观察强心苷类药物对蛙心收缩曲线的影响。加入 0.025% 毒毛花苷 K 溶液 1～2 滴,观察蛙心收缩曲线的变化,待效应出现明显后,用新鲜的林格液换洗,直至曲线恢复正常。

(5) 观察温度变化对蛙心收缩曲线的影响。将蛙心插管内的林格液全部吸出,换入等量保存在冰箱中的 4℃ 的冷林格液,同时在蛙心表面也滴加数滴冷林格液,观察蛙心收缩曲线的变化。待效应出现明显后,用新鲜的常温林格液反复换洗,直至曲线恢复正常。

(6) 观察酸碱对蛙心收缩曲线的影响。在蛙心插管的灌注液中滴入 2.5%
$NaHCO_3$ 溶液 1～2 滴,观察蛙心收缩曲线的变化,待效应出现明显后,用新鲜的林
格液反复换洗,直至曲线恢复正常。

滴加 3% 乳酸溶液 1～2 滴于灌注液中,观察蛙心收缩曲线的变化,待效应出
现明显后再滴加 2.5% $NaHCO_3$ 溶液 1～2 滴,观察能否改变收缩曲线。

【实验后处理】

1. 截取各种处理因素下有代表性的蛙心收缩曲线,用适当的软件(如"画图")
制成单页图谱并打印出来,附在实验报告中。

2. 分析各种处理因素对蛙心收缩曲线的影响及其原理,写出实验报告。

【注意事项】

1. 实验前要做好张力换能器的定标工作,以确定采样数值与张力之间的换算
关系。定标砝码的大小可根据张力换能器的量程和预计测量值适当选择。

2. 制备离体蛙心标本时不要伤及静脉窦。向心室中插入蛙心插管时要注意
方向和手法,切勿硬性插入,否则可造成心肌损伤,导致漏液或心室停搏。在结扎
各血管时应扎紧,以防漏液。

3. 实验过程中应在蛙心表面适时给予少量新鲜林格液,使之保持湿润。

4. 每次换液时,蛙心插管内的液面应保持大致相同的高度。

5. 吸取新鲜林格液和蛙心插管内的溶液时,所用滴管要严格区分,不可混淆。
如果滴管不够,应洗净后再用,注意避免通过滴管互相污染。

6. 向蛙心插管中加液或加药时,注意滴管尽量不要碰触蛙心插管,以免影响记
录曲线。加药时先加 1 滴,并密切观察曲线变化,如作用不明显时再补加,避免过量。

7. 每次施加处理因素时应先记录正常对照并做好标记。实验中给予的各项
处理因素一旦出现作用,应立即用新鲜的林格液换洗,避免作用时间过长,心肌受
损,难以恢复。

【思考问题】

1. 实验中的多项处理都是向蛙心插管内的林格液中滴加药液,只有 0.65%
NaCl 溶液是等量换入,其目的是什么?

2. 如向蛙心插管中滴加 0.025% 毒毛花苷 K 溶液后,蛙心收缩作用不明显,
用什么方法可以使其作用明显并能说明药物的作用原理?

3. 改变蛙心灌注液的 pH 值(加入酸或碱)后,是通过什么原理影响蛙心收缩
活动的?

6.3　家兔呼吸运动的调节

【实验目的】

学习呼吸运动的实验方法,了解各种理化因素对呼吸运动的影响及其原理。熟悉 MedLab 生物信号处理系统、保护电极、氧气瓶、张力换能器在实验中的作用及使用注意事项。

【相关知识】

呼吸是由呼吸肌的节律性收缩完成的,呼吸肌受呼吸中枢的节律性活动所控制。呼吸中枢通过支配膈神经和肋间神经,引起呼吸肌兴奋,从而产生呼吸运动。

控制呼吸节律性运动的中枢包括脑桥的呼吸调整中枢和延髓的呼吸基本中枢。平静状态下的呼吸节律可以看做是延髓呼吸中枢的正常基本节律,吸气是主动的,呼气是被动的。因此,延髓呼吸节律主要是吸气性活动的节律,在此基础上建立了"吸气切断机制"的假说,即当延髓呼吸基本中枢吸气神经元兴奋时,在引起吸气动作的同时,通过加强呼吸调整中枢和Ⅰβ神经元的作用,激活了吸气切断装置(可能是孤束核内的吸气切断神经元),中断了吸气神经元的活动,吸气活动就停止,转入呼气。继而因呼吸调整中枢和Ⅰβ神经元活动的下降,撤消了激活吸气切断装置的作用,吸气神经元又恢复发放冲动,出现第二个呼吸周期。

对呼吸运动的调节主要有肺牵张反射、呼吸肌本体感受性反射和化学因素的调节。

肺牵张反射包括肺扩张反射和肺缩小反射。前者是指肺扩张后可引起吸气动作的抑制,其目的在于阻抑吸气过长过深,促使吸气及时转入呼气,加速吸气和呼气活动的交替,调节呼吸的频率和深度。后者是肺缩小后引起吸气过程的加强。迷走神经是肺牵张反射的传入神经,当切断两侧迷走神经后,中断了肺牵张反射的传入通路,肺牵张反射被取消,故呈现出慢而深的呼吸运动。若以中等强度的电刺激持续刺激一侧迷走神经的中枢端,传入冲动进入呼吸中枢,会使呼吸运动停止在某种状态。

呼吸肌的肌梭和腱器官为呼吸肌的本体感受器,由它们所引发的反射为本体感受性反射。呼吸肌本体感受性反射也参与正常呼吸运动的调节。人工加长气道可以增大呼吸的无效腔,除了可以降低体内气体的更新率外,还增加了通气的阻力,呼吸肌肌梭受到牵张刺激,通过反射性兴奋脊髓运动神经元、膈肌和肋间外肌,可导致呼吸运动的加强。

体内外的某些化学因素可以通过作用于中枢和外周的化学感受器,反射性地影响呼吸运动。血液中 PO_2、PCO_2、H^+ 浓度的改变可以刺激中枢和(或)外周化学感受器,产生反射性调节作用,其目的是保证血液中气体分压和 pH 值的稳定。

【实验材料】

家兔;MedLab 生物信号采集处理系统,手术器械,兔手术台,气管插管,5ml、10ml、30ml 注射器,乳胶管(40～80cm 长),细口瓶,CO_2 气瓶,N_2 气瓶,纱布,缝线,铁支架,滑轮,微调固定器,张力换能器,保护电极;20% 乌拉坦(氨基甲酸乙酯)溶液,2% 乳酸溶液,生理盐水。

【实验步骤】

1. 实验参数设置。打开计算机,启动 MedLab 生物信号采集处理系统,按表 6-4 进行本实验的计算机实验参数设置,或直接选择"家兔呼吸运动的调节"定制实验。

表 6-4 MedLab 系统实验设置参数

采　样	参　　数		刺　激	参　数
显示方式	连续记录		刺激方式	串刺激
采样间隔	1ms		时程	5s
采样通道	3(DC)	4	波宽	2ms
处理名称	呼吸	刺激标记	幅度	1V
放大倍数	200	5～50	频率	30Hz
滤　　波	全通 100Hz	全通 1kHz		
X 轴压缩比	10:1～20:1			
Y 轴压缩比	4:1～16:1	4:1～16:1		

将保护电极的一端插入放大器面板的刺激器输出端口,揿下"R←S"按钮,使第 4 通道作为刺激波形显示通道使用。

2. 家兔称重后,耳缘静脉注入 20% 乌拉坦溶液 4～5ml/kg,动物麻醉后,取仰卧位固定在兔手术台上,剪去颈部和剑突部位的毛。在颈部正中线切开皮肤 5～6cm,钝性分离结缔组织及颈部肌肉,暴露气管并做好气管插管。找到气管两侧与之平行的颈动脉鞘,用玻璃分针分离出其中的两侧迷走神经,穿线备用。

3. 切开胸骨下端剑突部位的皮肤,沿腹白线向下切开 2cm 左右。小心将剑突表面组织剥离,暴露出剑突软骨和剑突骨柄。挑起剑突,将剑突骨柄与其背部的膈肌条分离少许,用止血钳夹捏剑突骨柄片刻后,用粗剪刀剪断剑突骨柄,使剑突游离。此时可观察到剑突软骨完全跟随膈肌收缩而自由移动。用一带缝线的钩子钩住剑突软骨,缝线的另一端通过滑轮连接于张力换能器的弹性梁上,换能器输入线的一端连接于生物信号放大器的第3通道(图6-7)。

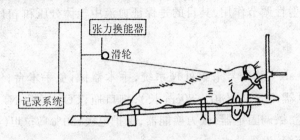

图 6-7　呼吸实验装置示意图

用微调固定器根据基线的移动调整张力换能器的高度,给予相当于 5g 的前负荷。

4. 描记一段正常呼吸运动曲线,观察呼气相、吸气相、呼吸幅度和频率,辨清曲线与呼气、吸气运动的关系。

5. 二氧化碳对呼吸运动的影响。将装有 CO_2 气体的气瓶导气管口和气管插管一侧管共同置于一细口瓶内,并将气瓶旋钮逐渐松开,使 CO_2 气流缓慢地随着吸气进入气管。此时观察和记录高浓度 CO_2 对呼吸运动的影响。效果明显后,关闭 CO_2 气瓶,再观察呼吸运动的恢复过程。

6. 缺氧对呼吸运动的影响。将装有 N_2 气体的气瓶导气管口和气管插管一侧管共同置于一细口瓶内,用止血钳夹闭气管插管的另一侧管,缓慢将气瓶的旋钮松开,让家兔吸入细口瓶中的 N_2,以达到缺氧的目的。观察和记录此时家兔的呼吸运动曲线,效果明显后,撤消以上操作,再观察呼吸运动的恢复过程。

7. 增大呼吸无效腔对呼吸运动的影响。将 $40 \sim 80$cm 长的乳胶管连接在气管插管的一侧管上,夹闭另一侧管。使家兔通过这根长管进行呼吸,观察和记录呼吸运动曲线的变化。呼吸变化明显后,移去长乳胶管,使呼吸恢复正常。

8. 血液中 H^+ 浓度升高对呼吸运动的影响。由耳缘静脉较快地注入 2% 的乳酸溶液 3ml,观察和记录此时呼吸运动的变化曲线。

9. 迷走神经在呼吸运动调节中的作用。先记录一段正常呼吸运动曲线,在吸气末期迅速夹闭气管插管的一侧管,同时用注射器从另一侧管向肺内快速注入空气 $20 \sim 30$ml,使肺维持于扩张状态,观察呼吸运动的变化并记录呼吸运动曲线。

再在呼气末期迅速夹闭气管插管的一侧管,同时用注射器从另一侧管快速抽出气体 $20 \sim 30$ml,使肺维持于萎陷状态,观察呼吸运动的变化并记录呼吸运动曲线。

先结扎一侧的迷走神经,在结扎线的外周端剪断迷走神经,观察呼吸运动的变化。再以同样的方法剪断另一侧的迷走神经,观察呼吸运动的变化。

在此基础上重复以上注入气体和抽出气体的过程,观察呼吸运动的变化与前面有何不同。

用结扎线轻轻牵拉一侧迷走神经的中枢端,将保护电极置于该侧迷走神经的中枢端下,连续启动刺激器给予串刺激,观察并记录呼吸运动的变化。

【实验后处理】

1. 截取施加各种处理因素前后记录的呼吸运动曲线,用适当的软件(如"画图")制成曲线图谱并打印出来,附在实验报告中。

2. 分析各种处理因素对呼吸运动影响的结果及其原理,写出实验报告。

【注意事项】

1. 实验前要做好张力换能器的定标工作,以确定采样数值与张力之间的换算关系。定标砝码的大小可根据张力换能器的量程和预计测量值适当选择。

2. 气管插管前,要注意先把气管内的分泌物清除干净。插管时动作应轻巧,避免损伤气管黏膜引起出血而堵塞插管。

3. 用止血钳夹捏剑突骨柄的目的是为了减少剪口的出血,此过程不可忽略。剪断剑突骨柄的剪口不可过宽,因两侧均有血管通过,过多出血形成的血凝块会影响游离剑突的活动。

4. 分离剑突背部的膈肌条时不能太向上,剪断剑突骨柄时剪口不可过深,以免造成气胸。尤其注意切勿伤及或剪断附着于剑突背部的膈肌条。

5. 经耳缘静脉注射乳酸溶液时,要避免乳酸外漏引起刺激反应。

6. 气瓶打开时要缓慢松开旋钮,特别在给予 N_2 时,以防家兔一次性吸入过多 N_2 导致突然死亡。

7. 当注入或抽出气体时,要使胶管与注射器紧密接触,防止漏气。操作前提前夹闭另一侧管,并维持注入或抽出气体状态一段时间,待结果出现后再完全放开。

【思考问题】

1. 血中 PCO_2 升高、PO_2 降低和 H^+ 升高时对呼吸运动有何影响? 它们影响呼吸运动的原理有何异同之处?

2. 切断一侧迷走神经和双侧迷走神经后,呼吸运动会有何变化? 为什么?

3. 呼吸气道的加长对呼吸运动影响的原理是什么?

4. 用电刺激一侧迷走神经的中枢端,呼吸运动会有何变化?

6.4 家兔大脑皮质诱发电位

【实验目的】

观察电刺激后在家兔大脑皮质相应区域引出的诱发电位及其一般特征。学习记录皮质诱发电位的方法及原理。

【相关知识】

大脑皮质诱发电位一般是指感觉传入系统,包括感觉器官、感觉神经或者感觉传导途径上的任何一点受到刺激时,在皮质上某一局限区域所引出的电位变化。诱发电位时常出现在自发脑电波的背景上,鉴于自发脑电波越低,诱发电位就越清楚,因此,可以使用深度麻醉的方法来压低自发脑电波,以突出诱发电位。

但是麻醉药对中枢神经系统中的许多生理活动具有抑制作用,可以使正常的皮质诱发电位发生畸变。利用计算机生物信号采集处理系统的叠加运算,可以使诱发电位的波形幅度逐渐加大,而自发脑电波背景和噪声是随机的,叠加则可互相抵消,这样就将隐藏于自发脑电波背景和噪声中的诱发电位分离出来。

在皮质相应的感觉投射区所引出的诱发电位可分为两部分:主反应和后发放。主反应的潜伏期一般为5~12ms。潜伏期的长短取决于感觉刺激传向皮质的距离和神经冲动传导速度的快慢以及传入途径中经历突触数目的多少。皮质诱发电位反应的极性一般为先正后负。

主反应的形成主要是皮质锥体细胞电活动的综合表现。当锥体细胞的胞体发生兴奋时,皮质表面尚未兴奋,因此,未兴奋的电位相对为正,所以主反应先是正波,而当兴奋沿顶部树突传到皮质表面时,皮质表面呈现负电位,于是出现负波。

在主反应之后常表现有周期性正相电位的发放。其节律也在每秒8~12次之间。它可能是皮质与丘脑转换核(腹后核、内侧膝状体及外侧膝状体)之间环路电活动的结果。

【实验材料】

家兔;兔手术台,手术器械,MedLab生物信号采集处理系统,屏蔽系统,皮质引导电极或铜螺丝(2mm×5mm),保护电极,骨钻,咬骨钳,滴管,棉花;骨蜡,液状石蜡,生理盐水,20%乌拉坦(氨基甲酸乙酯溶液)。

【实验步骤】

1. 实验参数设置。打开计算机,启动 MedLab 生物信号采集处理系统,按

表6-5进行本实验的计算机参数设置,或者直接选择"家兔大脑皮质诱发电位"定制实验。

2.取家兔,称重,用20%乌拉坦溶液5ml/kg耳缘静脉注射。麻醉深度以维持呼吸在20次/min左右为宜,此时的自发脑电波较小。

表 6-5   MedLab 系统实验配置参数

采　样	参　　　数		刺　激	参　数
显示方式	示波器		刺激方式	主周期刺激
触发方式	刺激器触发		主周期	2s
采样间隔	20μs		幅度	0.5V
采样通道	1(AC)	4	脉冲数	1
处理名称	脑电	刺激标记	波宽	0.1ms
放大倍数	10 000	5～50	间隔	50ms
滤　　波	全通 10kHz	全通 100Hz	延时	1ms
X 轴压缩比	10:1	10:1	周期数	连续
Y 轴压缩比	4:1	64:1		

3.将麻醉后的家兔仰卧位固定于兔手术台上,剪去颈部的毛后,在颈前正中切开皮肤,行气管插管。

4.将家兔改为俯卧位固定。在右侧前肢肘部的桡侧切开皮肤,寻找分离桡浅神经约3cm长,用一蘸有液状石蜡(38℃)的棉花包裹保护,并将皮肤切口关闭,夹好备用。

5.剪去头顶部的毛,在头顶部正中切开皮肤5～7cm,用刀柄钝性分离骨膜,暴露颅骨骨缝。在矢状缝右侧2～10mm、人字缝前5～10mm的位置用骨钻钻一小孔(直径约1.5mm)。如遇出血,用骨蜡止血。将铜螺丝旋入孔内,旋转到底,使铜螺丝的头部与硬脑膜相接触,用同样方法将另一个铜螺丝旋入远离第一个铜螺丝的颅骨内,或者在小孔内放入引导电极并使引导电极接触到硬脑膜(图6-8)。

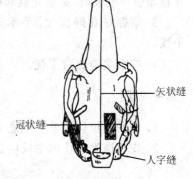

图 6-8　家兔颅骨开孔位置示意图
(右侧阴影部位为开孔位置)

6.用保护电极将桡浅神经钩好,并用液状石蜡棉球保护,无关电极夹在头皮切口边缘上,将动物接地,并把整个手术台连同动物放入屏蔽系统内。将刺激电极和引导电极分别与 MedLab 生物信号处理系统的刺激输出和输入接口相连。

7.刺激桡浅神经,可见同侧肢体轻微抖动,逐渐增加刺激强度,观察辨认皮质诱发电位。如诱发电位不明显,可移动引导电极的位置,寻找较大、恒定的诱发电位区域。用1Hz的连续脉冲刺激桡神经,可在显示器上见到一个稳定的先正后负的诱发电位图谱(图 6-9)。

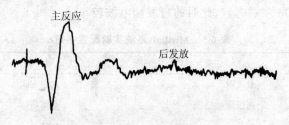

图 6-9 家兔皮质诱发电位(叠加)

【实验后处理】

1. 打印出一个典型的先正后负的诱发电位图谱。
2. 分析实验结果并写出实验报告。

【注意事项】

1. 开颅实验皮质保温非常重要,在剪开脑膜后,要经常更换温热的液体石蜡。手术过程中要注意避免损伤皮质血管,一旦血管破裂出现血凝块,将影响实验结果。

2. 引导电极接触皮质要松紧适度,压得太紧,会损伤皮质以致影响实验结果。在移动引导电极时,必须先旋起电极,使之离开皮质。

3. 掌握好麻醉深度,手术过程中要尽量减少出血。对神经要保温和防止干燥。

4. 整个实验要防干扰。

【思考问题】

1. 诱发电位代表的生理意义是什么?
2. 皮质诱发电位的主反应是否动作电位?

6.5　影响大鼠胃酸分泌的体液因素

【实验目的】

学习大鼠胃酸分泌量的测定方法,观察组胺、胃泌素(促胃液素)和乙酰胆碱等体液因素以及西咪替丁、阿托品等受体阻断剂对胃酸分泌的影响。

【相关知识】

胃黏膜是一个复杂的分泌器官,除了外分泌腺之外,还含有多种内分泌细胞,如分泌胃泌素的 G 细胞、分泌生长抑素的 D 细胞和分泌组胺的肥大细胞等。

胃液的成分包括无机盐(如盐酸、钠和钾的氯化物等)及有机物(如黏蛋白、消化酶等)。胃酸是胃液中的主要成分之一,胃酸的分泌受神经和体液因素的调节。组胺、胃泌素和乙酰胆碱等均能直接作用于胃黏膜壁细胞上的相应受体,引起胃酸分泌增加,而西咪替丁、阿托品等作为受体阻断剂可以阻断受体,使胃酸分泌的作用减弱。

我们可以采用麻醉状态下大鼠胃灌流的实验方法收集胃液,并用化学滴定的方法测定胃酸排出量,以比较不同的体液因素对胃酸分泌的影响。

【实验材料】

大鼠;鼠手术台,手术器械,三角瓶,注射器,气管插管,微量滴管,食管插管,幽门插管;20％乌拉坦(氨基甲酸乙酯)溶液,0.01mol/L NaOH 溶液,氨甲酰胆碱(卡巴胆碱),磷酸组胺,五肽胃泌素,阿托品,西咪替丁注射液,1％酚红。

【实验步骤】

1.大鼠在实验前 24h 禁食,但可自由饮水。实验时从大鼠尾静脉缓慢注入20％乌拉坦溶液 4ml/kg 进行全身麻醉,麻醉后使其仰卧固定在鼠手术台上,剪去颈部和腹部的被毛。沿颈部正中切开皮肤,行气管插管。

2.钝性分离气管下方的食管(切勿损伤颈部神经),剪开食管并插入食管插管(插管前端不要太尖锐,以免损伤食管和胃黏膜),用丝线固定食管插管。

3.沿剑突下方正中线切开腹部皮肤(切口长约 2cm),打开腹腔,轻轻拉出十二指肠,注意勿损伤胃和十二指肠周围的神经和血管。在距胃幽门约 1.5cm 处穿入两根丝线,一根打一个松结以备结扎十二指肠幽门端。在两线之间剪开十二指肠,并将幽门插管插入胃内,立即结扎固定,尽量不要使插管刺激胃壁。

4．用手指轻轻触摸胃部，检查胃内是否有食物残渣，若胃内有固体物，则要在胃大弯侧切开胃体，取出胃内食物团，并用蘸有温热生理盐水的棉签将胃内的食物残渣清除干净，然后缝合胃切口。再用少许 37℃ 生理盐水从食管插管注入胃内，用手指轻压胃体，观察幽门插管出口是否通畅，流出液有无食物残渣和血液。如出口通畅即手术成功。手术过程应注意保持大鼠体温和环境温度稳定，切忌用力牵拉大、小网膜和肠胃。

5．为使胃灌流液流出通畅，可将大鼠体位由仰卧位改为侧卧位。在手术后 20～30min 开始测定胃酸分泌情况。

6．用注射器将 37℃ 生理盐水 10ml 从食管插管注入胃内，同时用三角瓶收集幽门插管流出的液体，每 10min 注入一次并收集样品。在每个样品中加入酚红1～2 滴，用 0.01mol/L NaOH 溶液滴定至刚好变色，按下式即可计算出每 10min 灌流液中的胃酸排出量。

胃酸排出量(μmol/10min) = 中和胃酸用去的 NaOH 量(ml)×浓度(mol/L)×10

7．收集并测定 3 个以上胃酸样品，待连续 3 个样品中的胃排酸量数值接近后，即可进行基础胃酸分泌量测定。

(1) 皮下注射磷酸组胺 1mg/kg，连续收集并测定 5 个样品，测定每个样品中的胃排酸量。

(2) 在收集对照样品后，肌内注射西咪替丁 250mg/kg，收集 5 个样品后，再皮下注射磷酸组胺 1mg/kg，连续收集 5 个样品，测定每个样品中的胃酸排出量。

(3) 在收集对照样品后，皮下注射五肽胃泌素 100μg/kg，然后连续收集 5 个样品，测定每个样品中的胃排酸量。

(4) 在收集对照样品后，肌内注射氨甲酰胆碱 10μg/kg，连续收集 5 个样品，测定每个样品中的胃酸排出量。

(5) 在收集对照样品后，皮下注射阿托品 1mg/kg，收集 5 个样品后，再肌内注射氨甲酰胆碱 100μg/kg，连续收集 5 个样品，测定每个样品中的胃排酸量。

【实验后处理】

1．将各组结果汇总并列入下表中。

表 6-6　影响大鼠胃酸分泌的体液因素实验结果

处 理 因 素	胃酸分泌量(μmol/10min)
基础胃酸分泌量	
给磷酸组胺后	
给西咪替丁后	
再给磷酸组胺后	
给五肽胃泌素后	
给氨甲酰胆碱后	
给阿托品后	
再给氨甲酰胆碱后	

2．比较分析实验结果并写出实验报告。

【注意事项】

1．手术中应避免用力过大,以免损伤血管和神经,保证实验结果的稳定。

2．滴定终点以样品刚好变红,摇之能维持 $10s$ 以上时间不退色为准。每次滴定颜色要一致,滴定结果由同一个人判定为宜。

3．疼痛会影响到胃酸分泌,因此,要掌握好麻醉的深浅程度。

4．由于教学时间的限制,以上测定项目可分组进行,然后汇总全班各组的结果进行分析。

【思考问题】

1．磷酸组胺、西咪替丁、五肽胃泌素、氨甲酰胆碱、阿托品分别作用于什么受体? 对胃酸分泌的影响如何?

2．胃酸排出量的测定原理是什么?

6.6　人体动脉血压的测定

【实验目的】

　　学习人体动脉血压的间接测压法,理解血压测量的原理。观察某些因素对动脉血压的影响。

【相关知识】

　　测定人体动脉血压最常用的方法是间接测量上臂肱动脉的血压,即用血压计的袖带在肱动脉外加压,如给血管的压力使血管变窄形成血液涡流时则可发出声音(血管音),根据血管音的变化可测量动脉血压。

　　通常血液在血管内连续流动时并没有声音,将空气打入缠绕于上臂的袖带内,使其压力超过动脉的收缩压时,动脉血流完全被阻断,此时用听诊器在肱动脉处听不到任何声音。如外加压力低于动脉内的收缩压而高于舒张压时,则心脏收缩时,动脉内有血流通过,舒张时则无,血液断续地通过血管,形成涡流而发出声音。当外加压力等于或小于舒张压时,则血管内的血流连续通过,所发出的音调突然降低或声音消失。故恰好可以完全阻断血流所必需的最小管外压力(即听见第一次声音时)相当于收缩压,在心脏舒张时有稍许血流通过的最大管外压力(即声音突然变弱或消失时)相当于舒张压。

　　在正常情况下,人或哺乳动物的血液可通过神经和体液调节而保持其相对稳定性,但是血压的稳定是动态的,是在不断地变化和调节中。人体的体位、运动、呼吸以及温度等因素对血压均有一定影响。

【实验材料】

　　健康人;血压计,听诊器。

【实验步骤】

　　1. 受试者脱去左臂衣袖,静坐 5min。

　　2. 松开打气球上的螺丝帽,将袖带内的空气完全放出,再将螺丝帽扭紧。

　　3. 受检者将前臂平放在桌上,掌心向上,使前臂与心脏处于同一水平。将袖带包裹于左上臂,其下缘应在肘关节上约 2cm 处,松紧应适宜(图 6-10)。

　　4. 将听诊器两耳件塞入外耳道,注意使耳件的弯曲方向与外耳道一致。

　　5. 在肘窝部找到肱动脉搏动处,用左手持听诊器的胸件放置在上面。将血压计与水银槽之间的旋钮旋至开的位置。

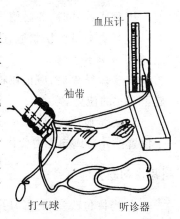

图6-10 人体动脉血压测量方法示意图

6. 用打气球将空气打入袖带,使血压计上的水银柱上升到 21.3kPa(160mmHg)左右,或者使水银柱上升到听诊器听不见声音后,再继续打气,使水银柱再上升2.7kPa(20mmHg)为止,随即松开螺丝帽缓慢放气(切勿过快),逐渐降低袖带内压力,使水银柱缓慢下降,同时注意听诊,当听到"嘭嘭"样的第一声动脉音时,血压计上所示水银柱刻度即为收缩压。继续缓慢放气,声音逐渐增强,而后突然变弱,最后消失。声音由强变弱的这一瞬间,血压计上所示水银柱的刻度即为舒张压。

7. 如果认为测量数值不准确,可反复测量 2~3 次,但在重新测量前,水银柱必须降至零刻度。记录测量的血压值。

8. 受试者取站立姿势 15min,其间每隔 5min 测量血压一次,记录下测量的血压值并取其平均值。

9. 让受试者做原地蹲起运动,1min 内完成30次,共做 2min。运动后立即坐下,30s 测量血压一次,直至血压恢复正常。记录每次测量的血压值,取其变化最大的血压值。

10. 实验结束后,分男、女生两部分将各组的测量结果进行统计,求出各处理因素下的动脉血压均数和标准差并进行 t 检验,根据 P 值判断男、女生之间差异有无统计学意义。

【实验后处理】

1. 将测量的动脉血压数值记入表6-7中。

表6-7 全班学生动脉血压测量结果$(kPa, \bar{x} \pm s)$

处理因素	男　生		女　生	
	收缩压	舒张压	收缩压	舒张压
实验前(坐位)				
站立体位				
运动后				

2. 分析各种处理因素对血压的影响及其原理,写出实验报告。

【注意事项】

1. 测量血压时必须保持安静,以利听诊。

2. 戴听诊器时,务必使耳具的弯曲方向与外耳道一致,即接耳的弯曲端向前。

3. 包裹袖带要松紧适宜。重复测压时,需将袖带内空气放尽,使压力降至零位,然后再加压测量。

4. 实验结束后,应记住将血压计向右斜摆一定角度,使水银回槽后,再将旋钮旋至"关"的位置。

5. 测量血压时,应保持血压计水银柱的零点与心脏处于同一水平,以消除由于位置差异造成的压力变化。

【思考问题】

1. 当体位改变和运动后,血压有何变化? 为什么?

2. 何谓收缩压和舒张压? 人的收缩压和舒张压正常值范围各是多少?

6.7 出血时间和凝血时间的测定

【实验目的】

学习测定出血时间和凝血时间的方法。

【相关知识】

出血时间是指从小血管破损出血时起,到血液在创口自行停止流出时止所需要的时间,实际上是测量微小血管口封闭所需要的时间。出血时间的长短与小血管的收缩和血小板的粘着、聚集、释放等血小板的功能有关。测定出血时间,可以检查生理止血过程是否正常以及血小板的数量和功能状态。凝血时间是指从血液流出血管到出现纤维蛋白细丝所需要的时间。测定凝血时间主要是检查有无凝血因子的减少和缺乏。

【实验材料】

健康人;采血针,秒表,滤纸条,棉球,玻片,胶泥,毛细玻璃管(长约10cm,内径0.8~1.2mm);75%酒精(乙醇)溶液。

【实验步骤】

1. 出血时间的测定。用酒精棉球将指尖皮肤消毒,再用无菌干棉球擦干。用采血针快速穿刺手指约2~3mm深,让血液自然流出并立即记录时间。从穿刺后开始,每隔30s用滤纸吸去血滴一次(不要触及皮肤),使滤纸上的血点依次排列,直到出血停止。记录开始出血到停止出血的时间,或以滤纸上的血点数除以2即为出血时间。正常值为1~4min。

2. 凝血时间的测定

(1)毛细管法　用采血针穿刺手指,让血液自然流出,擦去第一滴血,用毛细玻璃管吸取第二滴血,直至充满管腔为止,立即记录时间。每隔30s折断毛细玻璃管一小段,约5~10mm,直至两段毛细玻璃管之间有血丝相连时,表示血液已经凝固,这段时间即为凝血时间。正常值为2~8min。

(2)玻片法　用采血针穿刺手指,用玻片接下自然流出的第一滴血,立即记录时间,然后每隔30s用针尖挑血一次,直至挑起细纤维血丝为止。从开始流血到挑起细纤维血丝的时间即为凝血时间。正常值为2~8min。

【实验后处理】

1. 将测定的出血时间和凝血时间记入表 6-8 中。
2. 描述出血和凝血的过程,写出实验报告。

表 6-8　出血时间和凝血时间测定结果

姓　　名	出血时间(s)	凝血时间(s)

【注意事项】

1. 采血针应锋利,穿刺后让血液自然流出,不要挤压。穿刺深度要适宜,如果过深,组织过度受损,反而会使凝血时间缩短。

2. 做凝血时间测定时,最好将毛细玻璃管两端用胶泥封闭,置于 37℃ 水浴中,以保持温度恒定。

3. 用针尖挑血时应向一个方向横穿直挑,勿多方向挑动或挑动次数过多,以免破坏纤维蛋白网状结构,造成不凝血的假象。

【思考问题】

1. 小创伤口的流血为什么会自行停止?
2. 何谓出血时间? 测定出血时间有何实际意义?
3. 何谓凝血时间? 测定凝血时间有何实际意义?

6.8 红细胞渗透性和化学性溶血实验

【实验目的】

学习测定红细胞渗透脆性和引起红细胞溶解的各种实验方法,观察不同浓度的低渗溶液与红细胞膜抵抗力之间的关系以及红细胞的化学溶血现象。

【相关知识】

红细胞在高渗氯化钠溶液中,会失去水分发生皱缩。在浓度较低的低渗氯化钠溶液中,会因过多水分进入红细胞而使膜膨胀,甚至破裂,血红蛋白释出,红细胞溶解,此为红细胞的渗透性溶血。

红细胞膜具有一定的伸展性和弹性,对低渗溶液具有一定的抵抗力。红细胞在低渗溶液中可发生破裂、解体的特性称为红细胞的渗透脆性。红细胞耐受一定浓度的低渗溶液而不发生破裂、解体的能力称为红细胞的渗透抵抗力。红细胞对低渗溶液所具有的渗透抵抗力越大,在低渗溶液中就越不容易发生破裂和溶解,表明其渗透脆性低,反之其渗透脆性就高。

将血液滴入不同浓度的低渗溶液中,可测定红细胞对于低渗溶液抵抗力的大小,开始出现溶血现象的低渗溶液浓度,为该血液红细胞的最小抵抗力。出现完全溶血时的低渗溶液浓度,则为该血液红细胞的最大抵抗力,通常以这个数值表示该血液红细胞的渗透脆性。

有机溶剂、酸、碱可以破坏红细胞膜的疏水键和膜蛋白上的次级键,溶解膜脂质,使膜蛋白质变性,造成红细胞溶解,此为红细胞的化学性溶血。

【实验材料】

家兔;离心机,离心管,2ml 注射器,5ml 试管,5ml 吸管,试管架,滴管,洗耳球;3%、30%红细胞混悬液,3.8%枸橼酸钠溶液,1%、2%NaCl 溶液,蒸馏水,生理盐水,0.1mol/L HCl,0.1mol/L NaOH,乙醚或氯仿。

【实验步骤】

1. 制备红细胞混悬液。取家兔动脉血 2ml,加入盛有 0.2ml 的 3.8%枸橼酸钠溶液的离心管中,轻轻地混合均匀,平衡后置于离心机中,离心 5min(1500r/min)后取出,弃去上清液,加入生理盐水混匀后再离心,弃去上清液,同样再重复一次,即得洗涤后的红细胞。用生理盐水配成 30%和 3%红细胞混悬液备用(兔血红细胞比容约为 0.40)。

2. 取试管 10 支,从 1～10 分别做好标记后,排列在试管架上,按表 6-9 加入氯化钠溶液。在每支试管内滴入 30％红细胞混悬液 1～2 滴,轻轻摇匀,静置半小时后观察各试管中的溶血现象。

表 6-9 试管中加入的 NaCl 溶液浓度及剂量

试 剂	管 号									
	1	2	3	4	5	6	7	8	9	10
1％NaCl(ml)	1.2	1.4	1.6	1.8	2.0	2.2	2.4	3.6	4.0	
2％NaCl(ml)										4.0
蒸馏水(ml)	2.8	2.6	2.4	2.2	2.0	1.8	1.6	0.4		
溶液浓度(％)	0.30	0.35	0.40	0.45	0.50	0.55	0.60	0.90	1.0	2.0

3. 管内液体分两层,上层溶液为红色透明的,下层溶液红色是不透明者,为部分溶血。管内液体上层为浅黄色或白色透明,下层红色不透明者,为不溶血。管内液体为完全红色透明者,为完全溶血。观察并记录开始出现不完全溶血和完全溶血的试管内的氯化钠溶液浓度,它们分别代表该血液红细胞的最小抵抗力和最大抵抗力。

4. 另取 4 支试管,编号后各盛入 3％红细胞混悬液 2ml,再分别加入下列溶液。

11 号试管:0.9％NaCl 1ml

12 号试管:乙醚或氯仿 1ml

13 号试管:0.1mol/L HCl 1ml

14 号试管:0.1mol/L NaOH 1ml

混匀,静置半小时后观察各试管内的颜色、透明度及溶血情况。

【实验后处理】

1. 列表 6-10、11 显示实验结果。

表 6-10 红细胞渗透性溶血实验结果

观 察 项 目	氯化钠溶液浓度(％)
红细胞最大抵抗力	
红细胞最小抵抗力	
红细胞的渗透脆性	

表 6-11　红细胞化学性溶血实验结果

试　剂	颜　色	透 明 度	溶血情况
0.9% NaCl			
CHCl₃			
0.1mol/L HCl			
0.1mol/L NaOH			

2．分析各种处理因素对红细胞膜的影响及其原理,写出实验报告。

【注意事项】

1．红细胞渗透实验为定量指标实验,所以氯化钠溶液浓度的配制要求要准确。

2．向试管中滴加红细胞混悬液时要靠近液面,轻轻滴入,以免冲击力太大使红细胞破损,造成溶血的假象。

3．滴加红细胞混悬液后,要轻轻摇匀溶液,切勿剧烈震荡。静置一段时间后,再在光线明亮处进行观察。

【思考问题】

1．测定红细胞渗透脆性的原理是什么?

2．怎样判断红细胞在低渗溶液中发生的溶血?

3．产生渗透性溶血和化学性溶血的原理有什么不同?

4．部分溶血中首先溶解的是什么样的红细胞?

5．测定红细胞渗透脆性有何临床意义?

7 动物病理模型的复制及治疗实验

7.1 家兔急性弥散性血管内凝血(DIC)

【实验目的】

学习制备急性 DIC 动物模型的方法,根据实验指标讨论急性 DIC 的发病机制、病理变化过程及其意义,了解急性 DIC 的诊断标准及有关的实验室检查项目。

【相关知识】

DIC 是临床常见的病理过程,是一种危重的综合征。它是由于在某些致病因子的作用下,血液凝固系统被激活,血液在广泛的微循环(毛细血管、小动脉和小静脉)中发生凝固,形成微血栓,微血栓形成过程中又消耗了大量的凝血因子和血小板,引起继发性纤维蛋白溶解系统功能增强,导致患者出现明显的出血、休克、器官功能障碍和溶血等一系列严重症状。

凡能激活血液凝固系统的各个环节上的致病因素都可以造成 DIC,如严重的传染病、心血管疾病、血液病、肿瘤、结缔组织病等。本实验采用的兔脑粉中含有大量的组织因子(亦称组织凝血激酶或凝血因子Ⅲ),用其制备而成的兔脑凝血活素浸液注入血液后,可迅速启动外源性凝血过程,进而造成急性 DIC 的动物模型。

典型的 DIC 大致可分为如下三期:

1. 高凝期 由于凝血系统被激活,使凝血酶产生增多,微循环中有大量微血栓形成,此时主要表现为血液的高凝状态。

2. 消耗性低凝期 大量凝血酶的产生和微血栓的形成使得凝血因子和血小板被消耗,纤溶系统被激活,血液处于低凝状态,有出血表现。

3. 继发性纤溶亢进期 凝血酶及Ⅻa 等激活了纤溶系统,产生大量的纤溶酶,进而又有纤维蛋白(原)降解产物(FDP)的形成,使纤溶和抗凝作用增强。此期出血表现十分明显。

临床常借助实验室检查帮助进行 DIC 的确诊。由于 DIC 的病程凶险,血凝状态变化迅速,DIC 的实验室检查必须及时、准确,方法必须简便、快捷。一般将检查项目分为过筛试验和确证试验两类。通用的过筛试验包括血小板计数(BPC)、凝血酶原时间(PT)测定和纤维蛋白原定量试验。确证试验包括鱼精蛋白副凝试验(3P 试验)、乙醇凝胶试验、纤维蛋白溶解试验、凝血酶时间(TT)测定等。凡三项过筛试验阳性(即血小板减少、凝血酶原时间延长、纤维蛋白原含量减少)的病人,结合临床表现可以诊断为 DIC。三项过筛试验中有两项结果阳性，再加一项确证试验阳性，结合临床表现也可以诊断为 DIC。

　　本实验通过血小板计数、凝血酶原时间测定、纤维蛋白原定量试验和鱼精蛋白副凝试验等检查项目来确认家兔 DIC 模型的建立，探讨 DIC 的发病机制。

【实验材料】

　　家兔；兔手术台，手术器械，光学显微镜，离心机，752 型紫外分光光度计，血细胞分析仪，恒温水浴箱，秒表，血细胞计数板及盖玻片，三通管，5ml、30ml 注射器，20μl 血红蛋白吸管，10ml 离心管，直径 15mm、长 100mm 试管，小试管，小培养皿，小玻璃棒，试管架，滴管，吸管，洗耳球；1% 盐酸普鲁卡因溶液，3.8% 枸橼酸钠溶液，血小板稀释液，饱和氯化钠溶液，1% 硫酸鱼精蛋白液，P 试液，生理盐水，兔脑凝血活素浸液。

【实验步骤】

　　1. 取容量 10ml 的离心管 3 个，各放入 3.8% 枸橼酸钠溶液 0.5ml。

　　2. 家兔称重后，仰卧固定于兔手术台，剪去颈部手术野被毛，用 1% 盐酸普鲁卡因溶液局部浸润麻醉，颈部正中切口，进行气管插管。分离家兔的颈总动脉，切口，进行动脉插管，插管外端连接三通管，用来采集血样本。

　　3. 采集血样。放开动脉夹，将最先流出的数滴血液弃去，然后在含有枸橼酸钠的一支离心管中放入兔血 4.5ml，小心上下颠倒混匀，切勿震荡。离心 15min（3000r/min）后，小心取出离心管内的血浆，用以测定凝血酶原时间（PT）和进行纤维蛋白原定量试验、鱼精蛋白副凝试验（3P）。在上述取血的同时，取兔血一滴，用做血小板计数。

　　4. 用预先制备好的兔脑凝血活素浸液造病。兔脑凝血活素浸液的剂量按 2.0ml/kg 计算，将总量用生理盐水稀释至 30ml，由耳缘静脉注射，15min 内注完。其注入速度为：第一个 5min 以 1.0ml/min 注入，第二个 5min 以 2.0ml/min 注入，最后 5min 以 3.0ml/min 注入。

　　5. 分别在注射兔脑凝血活素浸液开始后的 15、45min 再次采集血样，方法同前。

　　6. 按下列方法，对采集的血样分别进行 BPC、PT、3P 及纤维蛋白原定量试验，然后比较、分析产生变化的原因。

　　（1）凝血酶原时间（PT）测定　在 37℃ 水浴中已预热的清洁干燥的小培养皿上，用定量吸管加入被检血浆 0.1ml，在其旁边加入 37℃ 温育的 P 试液 0.2ml，互相间先勿接触，然后用带钩玻璃棒钝侧混合，并立即开动秒表记时，边混合边用玻璃棒钩尖轻挑血浆和 P 试液的混合物，发现出现纤维丝状物立即停表，读取时间，此时间即为凝血酶原时间。重复 3 次，取平均值。

　　（2）纤维蛋白原定量试验　取血浆 0.5ml 置于直径 15mm、长 100mm 的试管中，加入饱和氯化钠溶液 4.5ml，充分混匀，放置 37℃ 水浴中温育 8min，取出后再次混匀,用752型紫外分光光度计测定其吸光度。

以生理盐水代替饱和氯化钠溶液进行同样操作,作为对照管。

确定检测波长520nm,用对照管溶液调零点,测定饱和氯化钠管溶液的吸光度(A)后,按下式计算测定管中的纤维蛋白原含量:

$$\frac{A}{0.5} \times 10 = (g/L)$$

(3) 血小板计数(BPC)　先在小试管内加入血小板稀释液2ml,通过动脉插管取血一滴,用血红蛋白吸管吸取$10\mu l$($10mm^3$)血液迅速吹入血小板稀释液中,充分混匀后,用滴管将上述混悬液一小滴滴到计数板的计数池内,静置$10\sim15min$,等血小板完全下沉后,用光学显微镜计数。数出计数池中间大方格内上、下、左、右、中5个中方格(80个小格)里的血小板数,乘以10 000就是每微升(μl)血液中的血小板数(图7-1、2)。

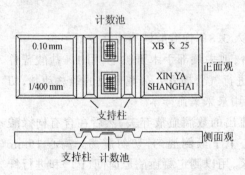

图 7-1　血细胞计数板的正面与侧面观　　　　图 7-2　记数池划线图

以上检测结果可用血细胞分析仪进行核实。

(4) 鱼精蛋白副凝试验(3P试验)　取被检血浆0.5ml置于小试管内,放置37℃水浴中预温3min,再加入1%硫酸鱼精蛋白液0.05ml,混匀,放置37℃水浴中温育,15min后将试管取出,轻轻地倾斜,在黑色背景下观察结果。有白色纤维蛋白丝或形成胶状为强阳性,有颗粒状沉淀为阳性,乳白色均匀一致的混浊为阴性。

【实验后处理】

1. 列表7-1显示实验结果。

表 7-1　家兔急性 DIC 实验结果

取样时间	PT(s)	纤维蛋白原(g/L)	BPC($\cdot \times 10^9$/L)	3P 试验
造病前				
造病后即刻				
造病后 30min				

注　用 ++ 表示强阳性,+ 表示阳性,- 表示阴性

2.分析实验结果并写出实验报告。

【注意事项】

1.兔脑凝血活素浸液静脉注射速度与实验成败关系极大。原则是先慢后快,切忌过快,否则极易造成动物的猝死。注射过程中密切观察动物呼吸情况,必要时酌情调整注射速度。

2.在每次采集血样完毕后要用生理盐水冲洗动脉插管,以防管内凝血。但应注意不能使用抗凝剂,以免影响检测数据。

3.每次取血后在加入抗凝剂的离心管内混匀时动作要轻缓,避免剧烈震荡导致细胞破裂,影响检测结果。

4.实验用的血浆如暂时不用,可置入冰箱4℃保存,但时间也不宜过长,一般不长于4h,如室温较低(低于20℃)时,血浆在测试前应在37℃水浴中温育3min左右。

5.本实验检测项目较多,实验前应做好人员分工。实验中所用的试剂、血浆样本也较多,同一吸管只能吸取一种试剂或血浆样本,应避免交叉使用。

【思考问题】

1.DIC的各种实验室检查项目的试验原理是什么?

2.什么是DIC?临床上应如何防治DIC?

【药液配制】

1.兔脑凝血活素浸液　称取兔脑粉400mg,加入生理盐水10ml,充分搅匀后放入37℃恒温水浴中孵育60min,每隔15min充分搅拌一次,然后离心5min(3000r/min),取上清液过滤,必要时重复离心、过滤,直至液体清亮。

2.P试液　称200mg兔脑粉,加入5ml生理盐水混匀,在37℃恒温水浴中孵育60min,每隔15min充分搅拌一次,然后离心5min(3000r/min),吸取上清液过滤,再加入等量0.025mol/L $CaCl_2$溶液,用力摇匀,即配成P试液。

3.1%硫酸鱼精蛋白　取硫酸鱼精蛋白1g,用生理盐水配制成100ml,再以2%碳酸钠溶液调pH至6.5,过滤,置普通冰箱保存备用(或直接用市售的1%硫酸鱼精蛋白液)。

4.血小板稀释液　取草酸铵1g,EDTA-Na_2 0.012g,用蒸馏水溶解至100ml,过滤清亮后使用。

7.2　家兔急性肾功能不全

【实验目的】

学习制备中毒性肾功能不全的动物模型的方法,观察氯化高汞($HgCl_2$、氯化汞、升汞)对家兔肾功能的影响,掌握尿常规检验法及血浆尿素氮的测定方法。

【相关知识】

正常的肾脏功能主要是生成尿液,通过泌尿排泄体内代谢废物,维持水、电解质和酸碱平衡,保持机体内环境的稳定。另外,肾脏还具有多种内分泌功能,因而又与机体许多功能代谢活动密切相关。当肾脏功能发生严重障碍时,首先表现为泌尿功能障碍,继而可引起体内代谢紊乱和肾脏内分泌功能障碍,严重时还可使机体各系统发生病理改变。

急性肾功能不全是由于肾小球滤过率急剧减少或肾小管发生变性、坏死而引起的一种严重的急性病理过程,可以表现出少尿、氮质血症、高血钾、代谢性酸中毒、水中毒等临床综合征。

氯化高汞为无机汞类化合物,0.1%氯化高汞溶液在临床上可作为非金属器皿的消毒剂使用。氯化高汞对人体组织有腐蚀作用,对各种动物均可造成"坏死性肾病",故可用来制备中毒性肾功能不全的动物模型。其中的重金属 Hg^{2+} 可使蛋白质发生变性、沉淀,使肾小球滤过率降低和肾小管结构受损,主要作用部位在肾脏的近端小管。

临床上一般将尿液的蛋白质定性检验和沉渣镜检合称为尿常规检验。在正常情况下,尿液中的蛋白质含量极微,不能用普通方法检出。在尿的沉渣中也只偶有少量白细胞、上皮细胞和个别红细胞。如在尿液中检出蛋白质,在尿液沉渣中发现有较多红细胞、白细胞、上皮细胞,特别是各种管型,即表示肾脏已有实质性损害。

肾功能发生障碍时,体内代谢产物尿素的排泄量减少,血浆中尿素氮含量升高。因此,可以从测定血浆中尿素氮的含量来了解肾脏的功能状态。尿素与二乙酰肟(丁酮肟)在酸性溶液中经 Fe^{3+} 的催化发生缩合,并在氨基硫脲的存在下,生成 3-羟基-5,6-二甲基-1,2,4-三嗪,使溶液转为红色,这样就可利用比色法对血浆尿素氮进行定量测定。

【实验材料】

家兔;兔手术台,手术器械,吸管,洗耳球,试管,试管架,试管夹,滴管,酒精灯,恒温水浴,注射器,玻璃分针,塑料插管,光学显微镜,载玻片,离心机,离心管,752型紫外分光光度计;1%氯化高汞溶液,2%草酸钾溶液,1%盐酸普鲁卡因溶液,

10%葡萄糖溶液,尿素氮显色剂,尿素氮标准液,生理盐水。

【实验步骤】

1.取家兔两只,一只作为对照兔,一只作为中毒实验兔。于实验前一天称重后,实验兔肌内注射1%氯化高汞溶液1.5ml/kg,制备急性中毒性肾功能不全模型备用。对照兔则肌内注射同量的生理盐水,作为对照备用。

2.开始实验时,将家兔称重后仰卧固定于兔手术台,下腹部剪毛,局部麻醉,在耻骨联合上方1.5cm处沿正中线做4～5cm长的皮肤切口,分离皮下组织,再沿腹白线剪开腹膜,暴露膀胱,自膀胱中抽取5ml尿液做尿常规检验备用。

将膀胱翻出腹外,在膀胱底部找到并分离两侧输尿管,分别在输尿管靠近膀胱处用细线结扎,另穿一细线打松结备用。略等片刻,待输尿管充盈后,提起结扎细线,在管壁上用眼科剪剪一小斜口,从斜口向肾脏方向插入细塑料管,结扎固定,用量器收集两侧输尿管的尿液做尿常规检验用。

3.用注射器从家兔心脏取血(或动脉插管取血)1ml,立即置于预先加有草酸钾抗凝剂的离心管内,轻轻混匀后离心,供测定血浆尿素氮含量用。再从耳缘静脉缓慢输注10%葡萄糖溶液50ml/kg,以保证有足够的尿量。

4.尿常规检验

(1)尿液沉渣的镜检　取自输尿管或膀胱中收集的尿液5ml于离心管中,离心5min(1500r/min)后,倾去上清液(供尿蛋白检查用),离心管底部沉渣用适量生理盐水稀释(1:3)后摇匀,滴在载玻片上,涂匀后镜检。镜检时光线应较弱,先用低倍镜将涂片全面检视一遍,以免遗漏管型等物体,再用高倍镜检视5～10个视野,看是否有管型、结晶及血细胞等(图7-3)。

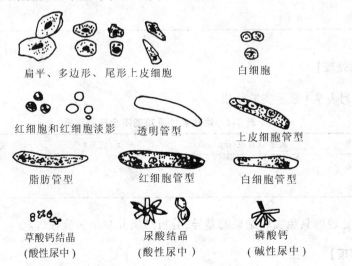

图 7-3　肾功能不全者尿中常见的有形物体

（2）尿蛋白定性检查　将尿液离心后的上清液约 3ml 放入试管中,用试管夹夹住试管,在酒精灯上加热至沸腾(试管口应对着窗外,并不断转动试管以免受热不匀而炸裂),沸腾后加入 5％醋酸 3～5 滴,再加热至沸腾,然后在黑色背景下按表 7-2 的标准判断检查结果。

表 7-2　加热醋酸法检查尿蛋白时的结果判断标准

结　　果	符　　号	当白质的大约含量(％)
无混浊	－	无
微混浊	±	0.01 以下
混浊(轻度白色)	＋	0.01～0.05
颗粒状混浊	＋＋	0.05～0.20
絮状混浊	＋＋＋	0.20～0.50
凝聚成块	＋＋＋＋	0.50 以上

5. 血浆尿素氮测定。将用草酸钾作抗凝处理的血液离心 5min(3000r/min)后分离出血浆,按表 7-3 加入显色剂,然后在沸水中加热 10min,取出置于冷水中冷却,用 752 型紫外分光光度计直接测定血浆中尿素氮的浓度(波长 520nm)。测定时一般用低标准液(含尿素氮 20mg/100ml),当血浆尿素氮含量超过 40mg％(14.28mmol/L)时换用高标准液(含尿素氮 50mg/100ml)。

表 7-3　血浆尿素氮测定加样步骤

试　　管	血浆(ml)	尿素氮标准液(ml)	蒸馏水(ml)	尿素氮显色剂(ml)
空白管			0.1	10.0
标准管		0.1		10.0
测定管	0.1			10.0

【实验后处理】

1. 列表 7-4 显示实验结果。

表 7-4　家兔急性肾功能不全实验结果

动　　物	血浆尿素氮(mg/ml)	尿蛋白(％)	尿沉渣
对照兔			
实验兔			

2. 比较两只兔实验结果的差异,分析结果并写出实验报告。

【注意事项】

1. 要于实验前一天给家兔注射氯化高汞,以制备急性肾功能不全的病理模型。

2．实验前要对离心管做抗凝处理,可取2%草酸钾溶液0.1～0.2ml于离心管中均匀涂布后蒸干备用。对于注射器的抗凝处理,可简单地先吸取一定量的草酸钾溶液后排掉,然后用来取血。必要时可对玻璃器皿做硅化处理。

3．心脏取血后要取下注射针头,迅速将血液沿着管壁加入到经过抗凝处理的离心管中,并立即轻轻混匀,以防血液凝固和溶血。不可直接用草酸钾溶液与血液混合进行抗凝。

4．尿液加热时应缓慢转动试管,逐渐加热升温,尽量避免受热不匀。试管口不可对人,以免造成意外事故。

5．如从输尿管中能收集到尿液,则用该尿液做尿常规检验,如从输尿管中收集不到足够的尿液,则用自膀胱中抽取的尿液做尿常规检验。

6．必要时可用单盲法进行实验,以便得出较客观的实验结果。

【思考问题】

1．为什么在进行药物的亚急性或慢性毒性试验时要检查试验动物的肾功能?

2．尿常规检验与血浆尿素氮测定各能反映哪一方面的肾功能状态?

3．为什么在本实验中不能用肝素做抗凝剂使用?

【药液配制】

1．氨基硫脲贮存液　取氨基硫脲2.5g,加蒸馏水至500ml。

2．二乙酰肟贮存液　取二乙酰肟12.5g,加蒸馏水至500ml。

3．三氯化铁-磷酸贮存液　取三氯化铁1g,溶于85%磷酸20ml中,用蒸馏水稀释至30ml。

4．二乙酰肟-氨基硫脲应用液　取二乙酰肟贮存液与氨基硫脲贮存液各67ml,加蒸馏水至1000ml。

5．三氯化铁-磷酸应用液　取三氯化铁-磷酸贮存液1ml,用7.5%硫酸(V/V)稀释至1000ml。

6．尿素氮显色剂　临用时取等量的二乙酰肟-氨基硫脲应用液和三氯化铁-磷酸应用液,混合而成。

7．尿素氮标准液　①高标准液:取尿素107mg,加0.005mol/L(0.01N)硫酸溶液至100ml,使之溶解(50mg尿素氮/100ml)。②低标准液:取高标准液40ml,用0.005mol/L(0.01N)硫酸稀释至100ml(20mg尿素氮/100ml)。标准液应置冰箱内保存。

7.3 氨在肝性脑病发病过程中的作用

【实验目的】

学习制备肝功能不全动物模型的方法,理解氨在肝性脑病发生中的作用并探讨其抢救治疗措施。观察家兔氨中毒的症状。

【相关知识】

肝性脑病(习惯上也称之为肝昏迷)是继发于严重肝脏疾病的神经精神综合征。肝性脑病发作时脑组织无明显的形态学改变,主要表现为轻微的精神异常乃至昏迷,现认为主要是脑组织代谢和功能障碍所致。具体病因尚不明确,主要研究学说有以下几种:氨中毒学说,假性递质学说,血浆氨基酸失衡学说,GABA 学说和综合学说。本实验是基于第一种学说而设计的。

无论是体内氨基酸分解代谢产生的还是从体外注入体内的氨(NH_3),对机体都是一种有毒物质,特别是对神经系统有害。正常情况下,血液中的氨主要在肝脏经过鸟氨酸循环转变成尿素排出体外,少量用于合成某些氨基酸和含氮物质(如嘌呤、嘧啶等),另有一部分可转变为谷氨酰胺和天冬酰胺贮存起来。当肝脏功能丧失后,体内过多的氨无法代谢,导致血氨升高,过多的氨进入脑组织,与脑组织中的 α-酮戊二酸结合,生成谷氨酸,并与谷氨酸进一步结合生成谷氨酰胺。因而,进入脑组织的氨的增加可以使脑细胞中 α-酮戊二酸减少。α-酮戊二酸是三羧酸循环中的重要中间产物,三羧酸循环是体内糖、脂类、蛋白质分解代谢的共同途径,是释放能量的重要环节,α-酮戊二酸的大量消耗必然导致三羧酸循环的减弱,从而使脑组织中 ATP 的生成减少,引起脑功能障碍。另外,兴奋性递质谷氨酸的减少、抑制性递质谷氨酰胺的增加、氨对神经细胞膜的抑制作用(干扰 Na^+-K^+-ATP 酶的功能)也可能会影响到脑细胞的功能。

动物实验中从十二指肠注入一定量的氯化铵混合液后,经肠道吸收入血,引起动物的血氨迅速升高,出现震颤、抽搐、昏迷等类似肝性脑病的症状,可以证明氨在肝性脑病发病过程中所起的作用。

当抢救中注入谷氨酸钠溶液后,谷氨酸进入体内,在谷氨酰胺合成酶的催化下,可以与氨结合生成谷氨酰胺,使血液中游离氨减少,进入脑组织的氨也就减少。同时,由于增加了兴奋性递质谷氨酸的含量,有助于缓解中毒症状。醋酸溶液可以促进肠道中未吸收的氨离子化,减少氨在肠道中的继续吸收。

需要指出的是,临床上有大约 20% 的肝性脑病患者其血氨浓度是正常的,有些肝硬化者血氨浓度虽高但并不发生昏迷,所以氨中毒学说还不能圆满地解释肝性脑病的问题。

【实验材料】

家兔;兔手术台,手术器械,圆形和角形缝合针,导尿管(或塑料管),烧杯,纱布块,2ml、10ml、50ml 注射器,角膜刺激针,瞳孔测量尺,粗棉线;1%盐酸普鲁卡因溶液,1%醋酸溶液,2.5%氯化铵混合液,2.5%的谷氨酸钠混合液。

【实验步骤】

1.家兔称重后仰卧固定于兔手术台上,颈部用 1%普鲁卡因溶液行局部浸润麻醉,手术进行气管插管。

2.剪去上腹部正中的兔毛,用 1%普鲁卡因溶液行局部浸润麻醉。从胸骨剑突起做上腹部正中切口(长约 6~8cm),沿腹白线打开腹腔后即可见到肝脏。用示指和中指伸至肝膈面,分置镰状韧带两侧并下压肝脏,暴露并用手指弄断肝与膈肌之间的镰状韧带。再用手指剥离肝胃韧带,使肝脏呈游离状态。

3.将肝腹面上翻,仔细辨明各肝叶(图7-4)。用粗棉线绕左外叶、左中叶、右中叶、方形叶和右外叶根部结扎,待肝叶由红色变为褐色后沿结扎线上方切除。保留尾状叶。

4.顺着胃幽门部找出十二指肠,在其表面做一荷包缝合(图7-5)。用手术剪剪一小口,向小肠方向插入一根与注射器相连的导尿管(或塑料管),结扎固定,然后关闭缝合腹腔。

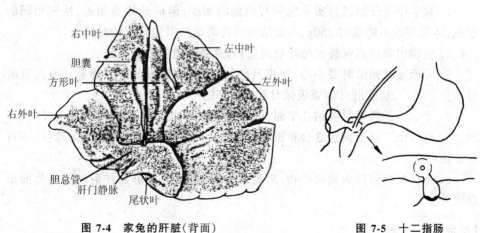

图 7-4 家兔的肝脏(背面)　　　　图 7-5 十二指肠
　　　　　　　　　　　　　　　　　　插管及荷包缝合

5.观察家兔一般情况、呼吸、角膜反射、瞳孔大小及对疼痛刺激的反应。

6.每隔 5min 向十二指肠内注入 2.5%氯化铵混合液 4ml,并密切观察动物的变化,包括呼吸、角膜反射、瞳孔大小、对疼痛刺激的反应性、肌肉张力等。当家兔出现全身抽搐时立即停止注入氯化铵混合液。记录从给药开始到痉挛发作的时间以及氯化铵用药总量,计算出每千克体重的氯化铵用量。

7. 立即从耳缘静脉注射 2.5% 谷氨酸钠混合液 30～40ml/kg 进行抢救治疗,同时向十二指肠注入 1% 醋酸 5ml/kg,观察症状有无缓解。

8. 另取一体重相近、性别相同的家兔作为对照,除不做肝脏结扎切除外,其余处理同上。比较实验兔和对照兔在中毒发生的时间、氯化铵的用量、抢救效果方面的差异。

【实验后处理】

1. 列表 7-5 显示相关实验结果。

表 7-5　氨中毒实验结果

动物	氯化铵用量(ml/kg)	中毒发生时间(min)	中毒症状	抢救效果
实验兔				
对照兔				

2. 分析实验结果并写出实验报告。

【注意事项】

1. 教学中可分组进行实验兔和对照兔的实验,但应选体重相近、性别相同的家兔,体重相差不能超过 250g,实验结束后将两组结果进行统计对照。

2. 实验中要注意保持家兔呼吸道通畅,并做好抢救准备工作。

3. 弄断镰状韧带时要小心,勿伤及膈肌、肝脏及后方的下腔静脉。游离肝脏时动作要轻缓,切除肝叶前要确保对肝叶根部的结扎牢固。

4. 十二指肠插管时要结扎牢固,以免药液外漏,影响实验结果。

5. 进行十二指肠荷包缝合和腹腔皮肤缝合时要注意圆针和角针的选择,不可随意使用。

6. 谷氨酸钠溶液为碱性药物,对组织有刺激性,耳缘静脉注射时要避免漏出血管外。

【思考问题】

1. 家兔氨中毒时有哪些症状?为什么会出现这些症状?

2. 临床上可以采用哪些措施来救治肝性脑病?

【药液配制】

　　1. 氯化铵混合液　5%葡萄糖溶液100ml中加入氯化铵2.5g,碳酸氢钠1.5g。

　　2. 谷氨酸钠混合液　5%葡萄糖溶液100ml中加入谷氨酸钠2.5g,碳酸氢钠1.5g。

7.4 家兔失血性休克及其抢救

【实验目的】

学习制备家兔失血性休克的病理模型,观察失血性休克时动物的一般表现,掌握失血性休克的发病原理及抢救措施。

【相关知识】

休克是英语 shock 的音译,原意是震荡或打击。现代医学研究表明,休克是各种强烈致病因子作用于机体引起的急性循环衰竭。其特点是微循环障碍、重要脏器的灌流不足和细胞功能代谢障碍,并由此引发全身性危重的病理过程。其临床症状表现为"面色苍白或发绀、四肢湿冷、脉搏细速、尿少、神情淡漠、低血压"。

根据病因和发病的起始环节可将休克分为失血性休克、烧伤性休克、感染性休克、过敏性休克、心源性休克等多种类型。失血性休克是由于血容量迅速减少,导致静脉回流不足,心排血量和血压下降,减压反射(降压反射)受到抑制,交感神经兴奋,外周血管收缩,组织灌流量发生改变,最终形成微循环障碍。

根据微循环的改变,失血性休克大致可以分为三个时期:

1. 缺血性缺氧期(代偿期) 此期由于交感-肾上腺髓质系统的兴奋,儿茶酚胺类物质大量释放,全身微循环血管持续痉挛,毛细血管前阻力显著增加,同时大量真毛细血管网关闭,动静脉短路开放,组织灌注量减少,出现少灌少流,灌少于流的情况。

2. 淤血性缺氧期(可逆性失代偿期) 如果休克的原始动因不能及时除去,病情继续发展,可进入淤血缺氧期。此时微循环中的血管运动现象消失,终末血管床对儿茶酚胺的反应性减弱,毛细血管前阻力降低,血液经过毛细血管前括约肌大量涌入真毛细血管网,同时微静脉端由于血细胞聚集、黏附,血液黏度增加,血流缓慢,导致毛细血管后阻力大于前阻力,血液淤滞,组织灌而少流,灌大于流。该期有效循环血量锐减,静脉充盈不足,回心血量减少,心排血量和血压进行性下降。

3. 休克难治期(微循环衰竭期) 由于血液进一步浓缩,血细胞比容和纤维蛋白原浓度增加,血细胞聚集,血液处于高凝状态,加上血流速度缓慢,酸中毒和组织缺氧越来越严重,此期可发生 DIC 或重要器官功能衰竭。休克发展到 DIC 或重要器官功能衰竭阶段会给救治带来极大困难,故也称该期为"不可逆"性休克。

失血性休克的发生与否取决于血量丢失的速度和丢失量。对于人来说,快速失血量超过总血量 20% 左右即可引起失血性休克,超过总血量 50% 左右则导致迅速死亡。对于动物来说,快速失血量超过总血量25%左右即可造成休克模型,超过总血量30%左右则为濒死模型。

针对休克的发病原理,临床治疗上除了尽快去除病因和常规护理外,主要通过纠正酸中毒、扩充血容量、合理使用血管活性药物和体液因子拮抗剂等措施来进行救治。

【实验材料】

家兔;兔手术台,手术器械,MedLab生物信号采集处理系统,三通管,压力换能器,输液装置,2ml、5ml、10ml、30ml注射器;1%盐酸普鲁卡因溶液,0.2%肝素生理盐水,1%肝素溶液,生理盐水,5%碳酸氢钠溶液,右旋糖酐-40注射液,1%山莨菪碱(654-2)注射液。

【实验步骤】

1. 实验参数设置。打开计算机,启动MedLab生物信号采集处理系统,按表7-6进行本实验的计算机参数软件设置,或者直接选择"失血性休克"定制实验。

2. 将动脉导管和压力换能器通过三通管相连接,并预先充满0.2%肝素生理盐水,排净气泡,设置好压力零点备用。将静脉导管和压力换能器、输液管通过三通管相连接,并预先充满生理盐水,排净气泡,设置好压力零点备用。

表 7-6　MedLab 系统实验设置参数

采 样	参 数	
显示方式	连续记录	
采样间隔	1ms	
采样通道	1(DC)	3(DC)
处理名称	血压(kPa)	中心静脉压(cmH$_2$O)
放大倍数	200	500
滤 波	全通 10kHz	全通 100Hz
X 轴压缩比	5:1～10:1	5:1～10:1
Y 轴压缩比	8:1～16:1	8:1～16:1

3. 取家兔称重后仰卧固定,颈部剪毛,用1%盐酸普鲁卡因局部浸润麻醉后,沿甲状软骨下正中切开皮肤,分离气管并插入气管插管。钝性分离出左侧颈总动脉和右侧颈外静脉,分别置双线备用。

4. 在耻骨联合上方剪毛,用1%盐酸普鲁卡因局部浸润麻醉后做下腹部正中切口,找出膀胱,拉出后将膀胱顶端向下,在背面膀胱三角区找出双侧输尿管入口,沿此向上钝性分离出双侧输尿管,分别置双线,结扎远心端。在靠近结扎线处用眼科剪向前沿45°角剪一小口,插入输尿管插管并结扎固定(两侧相同),每次用试管收集10min的尿量。

5. 右侧颈外静脉插管,插入预先充满生理盐水的静脉导管,长度约5cm,结扎固定。静脉导管的外端用三通管连接输液装置和压力换能器,用来输液和测定中心静脉压。在测压前,关闭压力换能器侧管,使导管与输液装置相通,缓慢输入生理盐水5～10滴/min,以保持静脉通畅。开始测压时,关闭输液侧管。

6. 左侧颈总动脉插管,插入预先充满 0.2% 肝素生理盐水的动脉导管,动脉导管的外端连接三通管,三通管一侧连接压力换能器,用来记录动脉血压,另一侧连接 30ml 注射器,并暂时关闭,以备放血用。

7. 耳缘静脉注射 1% 肝素溶液 1ml/kg,进行动物的全身肝素化。

8. 放血前仔细观察并记录平均动脉血压、中心静脉压、心率、10min 的尿量、皮肤黏膜颜色等各项指标,以作对照。

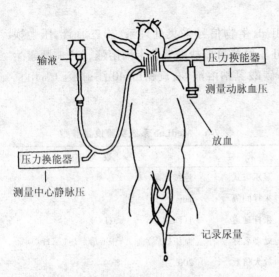

图 7-6　家兔失血性休克实验装置示意图

9. 打开颈总动脉插管与注射器相连接的三通管,使血液从颈总动脉流入注射器内,快速放血到平均动脉压为 5.33kPa(40mmHg)时,停止放血,立即观察并记录上述指标。20min 后再次观察和记录上述各项指标。

10. 第二次放血,使平均动脉压再次下降到 5.33kPa,立即观察并记录上述指标,并在该水平上维持 20min 后,再观察和记录上述指标的变化。

11. 停止放血,先从耳缘静脉注入与两次放血总量相等的右旋糖酐-40,然后从右颈外静脉输入生理盐水 30～60 滴/min,同时依次从耳缘静脉注入 5% NaHCO$_3$ 溶液 10ml、1% 山莨菪碱注射液 1mg/kg 抢救,观察 20min,看上述各项指标是否可恢复正常。

【实验后处理】

1. 列表 7-7 显示相关实验结果。

表 7-7　失血性休克实验结果

处理因素	平均动脉压 (kPa)	中心静脉压 (cmH$_2$O)	心率 (P/min)	尿量 (ml)	皮肤颜色
放血前					
第一次放血后					
20min 后					
第二次放血后					
20min 后					
抢救后					

2．分析实验结果并写出实验报告。

【注意事项】

1．实验前一定要做好压力换能器的定标工作，以保证所测血压的准确性，否则会影响到整个实验结果。实验过程中不可再随意进行"零点设置"和改变通道的放大倍数。

2．实验中动物需要进行全身肝素化，所以手术操作应轻柔、准确，尽量减少手术出血和不必要的创伤。

3．右颈外静脉插管深浅要适宜，插入的位置应是右心房或腔静脉处，过深或过浅均记录不到中心静脉压。静脉输液的速度要控制好，过多过快的输液会增加心脏负荷，导致心力衰竭。

4．从开始放血至开始抢救这段时间要停止输入生理盐水。

5．本实验观察指标较多，应做好分工，责任到人，最好每人观察并记录一项指标。

6．制备失血性休克的动物模型最好选用狗或猫，教学实验受条件限制才选用家兔，并非最佳动物模型，若在科研工作中不应做此选择。

【思考问题】

1．失血性休克时微循环系统发生了哪些变化？

2．实验中注入的右旋糖酐-40、碳酸氢钠、1％山莨菪碱分别有什么作用？

7.5 有机磷酸酯类中毒及其解救

【实验目的】

观察有机磷酸酯类农药敌百虫中毒时的症状及阿托品、碘解磷定对敌百虫中毒的解救作用,结合实验加强对有机磷酸酯类中毒解救药作用原理的理解。学习测定血液中胆碱酯酶活性的方法。

【相关知识】

机体内胆碱能神经释放的递质乙酰胆碱(ACh)在发挥作用的同时,主要是被胆碱酯酶(AChE)迅速水解灭活,从而保证神经末梢释放的递质对突触后膜 M、N 胆碱受体激动作用的调节。在一定条件下,胆碱酯酶水解乙酰胆碱的量与酶的活性呈正比。如在反应体系中加入一定的乙酰胆碱,经血液中的胆碱酯酶作用后,测定剩余乙酰胆碱的含量,便可得知已经水解的乙酰胆碱量,从而测定出胆碱酯酶的活性。

测定剩余乙酰胆碱含量的方法是利用乙酰胆碱与羟胺生成异羟肟酸,后者在酸性条件下又与 Fe^{3+} 作用,生成红棕色的异羟肟酸铁络合物,其颜色深浅可以反映出乙酰胆碱含量的多少。反应过程如下:

1. 盐酸羟胺与氢氧化钠作用释放出游离羟胺

$$NH_2OH \cdot HCl + NaOH \longrightarrow NH_2OH + NaCl + H_2O$$

2. 剩余乙酰胆碱与游离羟胺作用,生成异羟肟酸化合物

$$(CH_3)_3 \equiv N—(CH_2)_2OCOCH_3 + NH_2OH \longrightarrow$$
$$CH_3CONHOH + (CH_3)_3 \equiv N—(CH_2)_2OH$$

3. 异羟肟酸化合物在酸性环境(pH1～1.5)中与三氯化铁生成褐色的复合物(异羟肟酸铁络合物)

$$FeCl_3 + CH_3CONHOH \longrightarrow (CH_3CONHO_3)Fe(褐色) + 3HCl$$

利用此原理,我们可以根据需要随时测定出血液中胆碱酯酶活性的变化情况。

当难逆性胆碱酯酶抑制药——有机磷酸酯类进入机体后,能与胆碱酯酶牢固结合,形成磷酰化胆碱酯酶,使胆碱酯酶失去水解乙酰胆碱的能力,造成乙酰胆碱在体内大量积聚。大量积聚的乙酰胆碱过度激动突触后膜上的 M、N 胆碱受体,使机体产生 M 样、N 样乃至中枢神经系统的中毒症状。

敌百虫是一种有机磷酸酯类农药,可用来制备有机磷农药中毒的动物模型,以观察有机磷中毒时的各种中毒症状。M 受体阻断药阿托品可阻断呼吸道、消化

道、眼睛、腺体、心血管等部位的 M 受体,给药后可迅速缓解有机磷中毒的多种临床危急症状。大剂量的阿托品还具有阻断神经节作用,也能解除部分中枢神经系统中毒症状,但不能阻断运动终板上的 N_2 受体,对胆碱酯酶也无复活作用。胆碱酯酶复活药碘解磷定能与磷酰化胆碱酯酶、游离的有机磷发生作用,形成磷酰化解磷定,使胆碱酯酶游离出来,恢复其水解乙酰胆碱的活性。由于碘解磷定不具有直接对抗体内积聚的乙酰胆碱的作用,故应与阿托品联合应用,解救有机磷酸酯类的中毒。

【实验材料】

家兔;测瞳尺,滤纸,注射器,752 型紫外分光光度计,恒温水浴箱,试管架,10ml 试管,吸管,洗耳球,漏斗,刀片,采血杯,棉球;3.5% 敌百虫溶液,0.1% 硫酸阿托品溶液,2.5% 碘解磷定溶液,1% 肝素溶液,7×10^{-3} mol/L 氯乙酰胆碱溶液,碱性羟胺溶液,4mol/L 盐酸溶液,10% 三氯化铁溶液,磷酸盐缓冲液。

【实验步骤】

1. 取家兔 2 只,称重,仔细观察和记录其正常活动、呼吸(频率、幅度、节律等是否均匀)、瞳孔大小、唾液分泌、大小便、肌张力及有无肌震颤等情况。

2. 用酒精棉球擦拭家兔的耳缘静脉,当其充血明显时,用刀片横断耳缘静脉,使血液(0.5~1ml)自然流入采血杯中(杯内预先滴入 2 滴 1% 肝素溶液,自然干燥后备用),并轻轻振荡采血杯,防止凝血。依上述方法取甲、乙两兔静脉血各 1 份,供测定正常状态下家兔血液中胆碱酯酶的活性。

3. 给甲兔从耳缘静脉注射 3.5% 敌百虫 3ml/kg,观察并记录上述指标的变化。待中毒症状明显时,依上法再次采血,供测定中毒后家兔血液中胆碱酯酶的活性。然后立即从耳缘静脉注射 0.1% 硫酸阿托品 1ml/kg,观察并记录上述指标的变化。待症状改善明显时,再次采血,以测定用阿托品解救后家兔血液中胆碱酯酶的活性。约 10min 后,再耳缘静脉注射 2.5% 碘解磷定 2ml/kg,观察症状是否全部解除。当家兔中毒症状全部解除时,再次采血,以测定用碘解磷定解救后家兔血液中胆碱酯酶的活性。

4. 乙兔按甲兔方法引起敌百虫中毒,待中毒症状明显时,依上法再次采血供测中毒后家兔血液中胆碱酯酶的活性。然后立即从耳缘静脉注射 2.5% 碘解磷定 2ml/kg,观察并记录上述指标的变化。待症状改善明显时,再次采血,以测定用碘解磷定解救后家兔血液中胆碱酯酶的活性。约 10min 后,再耳缘静脉注射 0.1% 硫酸阿托品 1ml/kg,观察症状是否全部解除。当家兔中毒症状全部解除时,再次采血,以测定用阿托品解救后家兔血液中胆碱酯酶的活性。

5. 症状观察指标

瞳孔:直接用瞳孔尺测量左、右两侧瞳孔的直径,以 mm 表示其大小。

唾液分泌:用滤纸擦试兔嘴,看纸上水印大小,以 -(无)、+(少)、++(较多)、+++(很多)表示其分泌程度。

大小便:以 -(无大便和小便)、+(有大便和小便)、++(大便和小便较多)、+++(大便和小便很多)表示其排泄量。

骨骼肌活动:以 -(无肌震颤)、+(局部有肌震颤)、++(全身肌震颤)、+++(全身肌震颤并站立不稳或瘫卧桌上)表示其骨骼肌活动情况。

6. 全血胆碱酯酶活性比色测定方法(Hestrin 法),按表 7-8 进行操作。

表 7-8　胆碱酯酶活性测定加样步骤

步　骤	加　入　量(ml)		
	空白管	标准管	测定管(1、2、3、4)
磷酸盐缓冲液	0.9	0.9	0.9
全　血	0.1	0.1	0.1
37℃ 水浴预热 3min			
$7×10^{-3}$mol/L 乙酰胆碱	—	—	1.0
37℃ 水浴保温 20min			
碱性羟胺溶液	4.0	4.0	4.0
$7×10^{-3}$mol/L 乙酰胆碱	—	1.0	—
室温静置 2min			
4mol/L 盐酸溶液	2.0	2.0	2.0
10% 三氯化铁溶液	2.0	2.0	2.0
$7×10^{-3}$mol/L 乙酰胆碱	1.0	—	—
过滤后于 15min 内用 752 型紫外分光光度计测定吸光度(波长 525nm)			

注　测定管 1、2、3、4 内分别取中毒前、中毒时、阿托品及碘解磷定解救后的血样

用空白管调零,测定各管吸光度,按下式确定测定管中胆碱酯酶的活性。

$$胆碱酯酶活性(U/ml) = \frac{标准管吸光度 - 测定管吸光度}{标准管吸光度} × 70$$

通常以 1ml 血液在规定条件下能分解 1μmol 乙酰胆碱定为 1 个胆碱酯酶活性单位,计算式中的 ×70 是由于每管中加有 7μmol 乙酰胆碱和 0.1ml 血液。

【实验后处理】

1. 列表 7-9 显示实验结果。

表 7-9　有机磷酸酯类中毒及其解救实验结果

处理因素	胆碱酯酶活性(U/ml)	瞳孔(mm)	唾液分泌	大小便	骨骼肌活动
给药前					
给敌百虫后					
给阿托品后					
给碘解磷定后					

2．比较不同用药顺序解救效果的差异,分析其原因并写出实验报告。

【注意事项】

1．测量瞳孔时应注意光线强弱对瞳孔大小的影响及实验前后光源的一致性。

2．敌百虫溶液有较强的刺激性,静脉注射时要避免药物外漏,否则血管坏死会给抢救带来困难。

3．要事先做好抢救准备工作,中毒症状明显后立即解救。

4．测定胆碱酯酶活性时,每加一种试剂后均需充分摇匀,并严格控制保温时间。

5．当耳缘静脉取血不顺利时,可采用心脏取血或做动脉插管取血。

【思考问题】

1．有机磷酸酯类中毒的症状有哪些? 为什么会有这些症状?

2．有机磷酸酯类中毒者死亡的原因是什么? 如何防治?

3．阿托品与碘解磷定在解救有机磷酸酯类中毒时各发挥什么作用? 在临床上解救中毒时应该如何正确使用?

【药液配制】

1．7×10^{-3} mol/L 氯乙酰胆碱　取适量的氯乙酰胆碱,用蒸馏水配制成 2.54％溶液,冰箱保存。使用前用蒸馏水稀释 20 倍,配制成 7×10^{-3} mol/L 氯乙酰胆碱溶液(氯乙酰胆碱的分子量为 181.7)。

2．1mol/L 盐酸羟胺　取 25g 盐酸羟胺,加蒸馏水到 360ml 配成 1mol/L 溶液备用,冰箱保存。

3．3.5mol/L NaOH　取 14g NaOH 加约 40ml 蒸馏水于烧杯中溶解后,再移入量筒,加蒸馏水至 100ml 即可。

4．碱性羟胺溶液　取 1mol/L 盐酸羟胺溶液与 3.5mol/L NaOH 溶液在用前 20min 等容量混合配制,配制时要不断振荡。

5．4mol/L HCl　取浓盐酸(37％)33ml 加蒸馏水至 100ml。

6．10％三氯化铁溶液(含 3.7×10^{-1} mol/L $FeCl_3$ 和 0.1mol/L HCl)　取 10g

$FeCl_3 \cdot 6H_2O$，加浓盐酸 0.84ml、蒸馏水 20ml 左右，加温溶解，然后加蒸馏水至 100ml。

7. 磷酸盐缓冲液(pH7.2)　取 $Na_2HPO_4 \cdot 12H_2O$ 16.72g 和 KH_2PO_4 2.72g，加蒸馏水至 100ml 溶解，冰箱保存。

8 药物研究的动物实验

8.1 药物半数有效量（ED_{50}）和半数致死量（LD_{50}）的测定

【实验目的】

学习测定药物 LD_{50} 和 ED_{50} 的方法（改进寇氏法、序贯法），理解其药理学和毒理学的意义。

【相关知识】

ED_{50} 是标志药物效价的一个参数，它是指在一定的实验条件下，一定数量的动物用药后，约半数动物出现疗效的药物剂量。LD_{50} 则是药物引起半数实验动物死亡的剂量。LD_{50} 和 ED_{50} 是衡量药物急性毒性大小和效价强弱的重要指标，是评价药物的重要参数。LD_{50} 与 ED_{50} 的比值称为药物的治疗指数，通常用此值表示药物安全性的大小。

测定药物 LD_{50} 和 ED_{50} 的方法有多种，最常用的方法是改进寇氏（Karber）法，它计算简便，精确性好，又可计算多种参数，不足之处是实验所需动物数较多，使应用受到一定的限制。序贯法也较常用，其优点是所需动物较少，比较节省，缺点是必须逐个动物进行实验，实验时间较长，且不能计算其他参数，因此不适用于作用出现较慢和需要获得较多参数的药物。

本实验以小白鼠为实验对象，以盐酸普鲁卡因和尼可刹米或戊四氮为工具药，学习用改进寇氏法和序贯法测定药物 LD_{50} 的方法。

【实验材料】

小白鼠；1ml 注射器，电子秤，计算器；2.25%、2.03%、1.82%、1.64%、1.48%、1.33% 盐酸普鲁卡因溶液，10%、7%、4.9%、3.43% 尼可刹米溶液（或1.25%、0.875%、0.613%、0.429% 戊四氮溶液）。

【实验步骤】

1. 用改进寇氏法（点斜计算法）测定盐酸普鲁卡因的 LD_{50}。

（1）取小白鼠 48 只，随机分成 6 组，每组 8 只，称重编号。

（2）各组按表 8-1 中的剂量分别给药，每鼠腹腔注射盐酸普鲁卡因溶液 0.1ml/10g。

表 8-1　盐酸普鲁卡因 LD$_{50}$实验用表（改进寇氏法）

组别	小白鼠(只)	剂量(mg/kg)	lg D	死亡数(只)	死亡率(%)	P
1	8	225	2.3522			
2	8	203	2.3075			
3	8	182	2.2601			
4	8	164	2.2148			
5	8	148	2.1703			
6	8	133	2.1238			

（3）观察中毒症状并记录死亡数。小白鼠注射盐酸普鲁卡因后约1～2min 出现中毒症状,继而可能死亡。不死亡者一般都在15～20min 内恢复常态,故观察30min 内的死亡数即可。

（4）将各组实验结果列于表 8-1,按下列改进的寇氏法公式计算盐酸普鲁卡因的 LD$_{50}$。

$$LD_{50} = lg^{-1}[Xm - i(\sum p - 0.5)]$$

Xm:最大剂量的对数值。

i:相邻两剂量对数值之差(取绝对值),本实验 i 值取 0.0457。

P:以小数表示的反应率(即有效率或死亡率)。

$\sum p$:各组反应率的总和。

（5）ED$_{50}$的测定方法同 LD$_{50}$的测定,只是要确定药物的效应指标,如睡眠(翻正反射消失)、血压下降、呼吸抑制等。计算公式为:

$$ED_{50} = lg^{-1}[Xm - i(\sum p - 0.5)]$$

2. 用序贯法(上下法)测定尼可刹米的 LD$_{50}$。

（1）取小白鼠 10 只,编号、称重。

（2）按表 8-2 所示剂量,从最大剂量逐一开始,每鼠腹腔注射尼可刹米溶液 0.1ml/10g,仔细观察中毒症状。第 1 只小白鼠用药后如果在 10min 内发生死亡,则在相应的实验结果栏以"+"记录,下 1 只小白鼠就降低一级剂量给药。如果小白鼠在规定的时间内没有死亡,在相应的实验结果栏以"－"记录,下 1 只小白鼠就用高一级剂量,以此类推,直至 10 只小白鼠全部做完。

表 8-2　尼可刹米 LD$_{50}$实验用表（序贯法）

剂量(mg/kg)	lg D(X)	实验结果	S	F	R	X·R
1000	3.000					
700	2.845					
490	2.690					
343	2.535					

注　S:各剂量组动物存活数　F:各剂量组动物死亡数　R:各剂量组实验动物总数　X:为各组剂量的对数,即 lg D

（3）最后在应该继续进行实验的剂量组记录符号⊕，在计算 R 时应计算进去。

（4）将表 8-2 中的实验数据代入下列序贯法公式中，计算尼可刹米的 LD_{50}。

$$LD_{50} = \lg^{-1}(C/n) \text{ (mg/kg)}$$

$C = \sum(X \cdot R)$

$n =$ 实验动物数 $+1$

（5）ED_{50} 的测定方法同 LD_{50} 的测定，只是要确定好药物的效应指标。

【实验后处理】

1. 列表显示实验数据。

2. 统计全班实验结果，利用公式分别求出盐酸普鲁卡因和尼可刹米的 LD_{50}。

3. 分析盐酸普鲁卡因和尼可刹米的毒性作用并写出实验报告。

【注意事项】

1. 要对实验动物进行随机化分组。

2. 各组药物浓度千万不能搞错，给药剂量要准确。

3. 注意选择正确的给药部位，进针的深浅要一致。

【思考问题】

1. 什么是 LD_{50}、ED_{50}？测定其有何意义？

2. 什么是治疗指数？评价药物安全性的大小还有哪些指标？

3. 对于一种完全陌生的新药，应该如何着手进行 LD_{50} 或 ED_{50} 的实验？

4. 盐酸普鲁卡因和尼可刹米（或戊四氮）产生毒性作用的原理是什么？

8.2　乙酰胆碱的量效关系曲线及药物 pD_2、pA_2 的测定

【实验目的】

学习研究药物量效关系的实验方法和离体肠管平滑肌的实验方法,学习受体激动剂量效关系曲线图的绘制方法,了解受体激动剂量效关系曲线的特点及竞争性拮抗剂对激动剂量效曲线的影响,进一步理解药物 pD_2、pA_2 的意义,掌握 pD_2、pA_2 的计算方法和计算表的使用方法。

【相关知识】

机体内源性乙酰胆碱(ACh)是胆碱能神经的化学递质,自神经末梢释放后能激动 M、N 型胆碱受体,产生一定的生理效应。药用乙酰胆碱的化学性质不稳定,遇水易分解,在体内迅速被胆碱酯酶破坏,无临床实用价值,但作为一种研究型工具药,在动物实验中经常被使用。本实验以乙酰胆碱为受体激动剂的代表药,观察药物剂量与效应之间的关系并测定其 pD_2(激动剂的受体亲和力指数),以 M 受体拮抗剂阿托品为竞争性受体拮抗剂的代表药,观察其对乙酰胆碱的拮抗作用并测定其 pA_2(竞争性受体拮抗剂的拮抗参数)。

药物的剂量与药理效应在一定范围内成比例,这就是药物的"量效关系"。以药物效应的强弱为纵坐标,药物的剂量(浓度)大小为横坐标绘图,这种量效关系表现为直方双曲线。如将药物的剂量(浓度)改用对数值绘图,则呈现典型的对称 S 形曲线,这就是通常所讲的药物的"量效曲线"。

从豚鼠或家兔回肠上取出的肠管平滑肌,在适宜的环境(包括温度、营养液、氧气等)中能保持一段时间的生物学活性。离体回肠平滑肌上有 M 型胆碱受体,M 型受体被乙酰胆碱激动后可引起平滑肌的收缩效应,且其收缩效应的强度与乙酰胆碱的浓度(剂量)在一定范围内呈现"量效关系",据此关系可在普通方格纸上绘出乙酰胆碱的"量效关系曲线图"。阿托品为 M 受体拮抗剂,可竞争性拮抗部分乙酰胆碱的作用,使乙酰胆碱的量效曲线发生平行右移。

作用于受体的药物其作用性质、效应强度与其受体亲和力、内在活性有关。受体激动剂为既有受体亲和力又有较强的内在活性的药物,受体拮抗剂为具有受体亲和力而无内在活性的药物。当竞争性受体拮抗剂与受体激动剂合用时,能与激动剂互相竞争与受体的结合,降低其亲和力而不降低其内在活性,故可使激动剂的量效曲线平行右移,但最大效能不变,这表明竞争性拮抗作用是可逆的,增加激动剂的剂量,仍可使激动剂的药理效应保持在原来单独使用时的水平。

pD$_2$ 是激动剂的受体亲和力指数,它以受体激动剂引起最大效应的 50% 时所需剂量的摩尔浓度的负对数值表示,其值越大表示该受体激动剂与受体的亲和力越大。pA$_2$ 是竞争性受体拮抗剂的拮抗参数,它以在有拮抗剂存在的情况下,用加倍浓度的激动剂仅引起原浓度的效应水平,这时用拮抗剂的摩尔浓度的负对数值表示,其值越大表示该竞争性受体拮抗剂的拮抗作用越强。实验中在按照一定的要求绘出药物量效关系曲线图后,可运用公式和计算表分别计算出乙酰胆碱的 pD$_2$ 和阿托品的 pA$_2$。

【实验材料】

豚鼠或家兔;MedLab 生物信号采集处理系统,张力换能器,微调固定器、离体器官实验装置,麦氏浴管,L 型通气玻璃管,铁柱架,双凹夹,弹簧夹,手术器械,25μl 微量注射器,烧杯,温度计,1.4L 小氧气瓶,缝线,培养皿,普通方格纸,计算器;不同浓度的乙酰胆碱和阿托品溶液,蒂罗德液。

【实验步骤】

1. 取禁食 24h 的豚鼠或家兔 1 只,击头致死,立即剖腹,在其左下腹找到盲肠,在离回盲瓣 2~3cm 处剪断肠管,取所需回肠一段,迅速放入盛有冷蒂罗德液的烧杯或培养皿中。将肠系膜及脂肪组织分离干净,用镊子夹住肠缘,以注射器吸取蒂罗德液冲洗肠腔内的残渣,然后将肠管剪成 1.5~2cm 长数段,放入盛有新鲜蒂罗德液的烧杯或培养皿中,置冰箱内备用。

表 8-3　MedLab 系统实验设置参数

采 样	参 数
显示方式	连续记录
采样间隔	1ms
采样通道	1(DC)
处理名称	张力
放大倍数	50~100
滤 波	全通 10kHz
X 轴压缩比	200:1~1000:1
Y 轴压缩比	2:1~4:1

2. 计算机实验参数设置。打开计算机,启动 MedLab 生物信号采集处理系统,按表 8-3 进行本实验的计算机参数设置,或直接选择"乙酰胆碱的量效关系曲线及药物 pD$_2$、pA$_2$ 的测定"定制实验。

3. 取预先在 4℃ 冰箱内放置的回肠一段,对角线结扎后,一端紧紧系在 L 型通气玻璃管的弯钩上,然后将 L 型通气玻璃管置于麦氏浴管中,麦氏浴管内盛 38℃ 恒温的新鲜蒂罗德液 30ml,通入 95% O$_2$ 和 5% CO$_2$ 的混合气体,调整通气量至每秒钟 1~2 个气泡为宜(图 8-1)。另一端用缝线连接于张力换能器的弹性梁上,用微调固定器根据基线的移动调整张力换能器的高度,给于肠段相当于 2~5g 的前

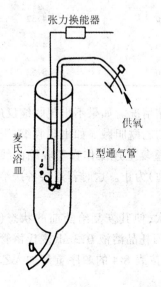

图 8-1　离体肠平滑肌实验示意图

(图中标注:张力换能器、供氧、L型通气管、麦氏浴皿)

负荷。张力换能器的输入线连接至 MedLab 生物信号放大器的第 1 通道。平衡 10min 后,记录一段正常的回肠等张收缩曲线。

4. 按表 8-4 的顺序依次加入不同浓度的乙酰胆碱溶液,制成乙酰胆碱浓度按等比级数递增后引起的回肠收缩累积量效曲线。

表 8-4 乙酰胆碱的使用浓度、剂量和浴管内浓度

序号	使用浓度 (mol/L)	剂量 (ml)	浴管内浓度 (mol/L)	摩尔浓度的负对数 ($-\lg C$)
1	3×10^{-8}	0.1	1×10^{-10}	10
2	3×10^{-8}	0.2	3×10^{-10}	9.52
3	3×10^{-7}	0.07	1×10^{-9}	9
4	3×10^{-7}	0.2	3×10^{-9}	8.52
5	3×10^{-6}	0.07	1×10^{-8}	8
6	3×10^{-6}	0.2	3×10^{-8}	7.52
7	3×10^{-5}	0.07	1×10^{-7}	7
8	3×10^{-5}	0.2	3×10^{-7}	6.52
9	3×10^{-4}	0.07	1×10^{-6}	6
10	3×10^{-4}	0.2	3×10^{-6}	5.52
11	3×10^{-3}	0.07	1×10^{-5}	5
12	3×10^{-3}	0.2	3×10^{-5}	4.52
13	3×10^{-2}	0.07	1×10^{-4}	4
14	3×10^{-2}	0.2	3×10^{-4}	3.52

每次加药后,应立即做好标记并观察肠段的收缩情况。如果不出现收缩反应,说明此浓度为阈下浓度,继续按顺序加入下一剂量的乙酰胆碱。如出现收缩,则应待其收缩达高峰后,再加入下一剂量的乙酰胆碱。重复上述操作直至收缩曲线达最大幅值(即增加剂量不能进一步增加肠段的收缩力)为止。这时若连接各次给药后肠段收缩曲线的最高点,应为 S 形曲线。

5. 用蒂罗德液彻底冲洗麦氏浴管中的肠段三次,使其恢复给药前的状态(曲线恢复至给药前的位置),然后加入 3×10^{-6}mol/L 阿托品溶液 0.3ml(麦氏浴管中阿托品的浓度为 3×10^{-8}mol/L),平衡 15min 后,再按表 8-4 的顺序重复加入乙酰胆碱,直至收缩曲线达最大幅值为止。

6. 绘制乙酰胆碱的量效曲线图(图 8-2)。将使用乙酰胆碱后时肠段的最大收

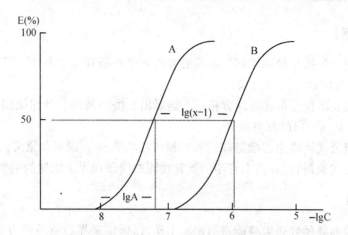

图 8-2 乙酰胆碱的量效曲线

A. 无拮抗剂时   B. 有拮抗剂时

缩效应幅值当作 100%,测量和计算各有效浓度的乙酰胆碱所产生的相应收缩效应占最大收缩效应的百分率。在普通方格纸上以麦氏浴管中乙酰胆碱摩尔浓度的负对数值为横坐标,以相应肠段收缩效应的百分率为纵坐标,连接各交汇点绘制量效曲线图。图中应包括使用阿托品前和使用阿托品后的两条量效曲线。图中横坐标每相距 30mm 设置浓度相差 10 倍,以便利用附表 1 和附表 2 计算 pD_2 和 pA_2。

7. 计算乙酰胆碱的 pD_2 和阿托品的 pA_2。在最大收缩效应的 50% 处绘一与横坐标平行的直线,以此直线与量效曲线的交点绘垂线,相交于横坐标上的读数即为受体激动剂产生最大效应的 50% 时的等效浓度。

在无拮抗剂存在时,产生 50% 最大效应的乙酰胆碱摩尔浓度的负对数值即为 pD_2,它是乙酰胆碱的受体亲和力指数,代表了乙酰胆碱与 M 受体的亲和力大小,其值越大,亲和力越大。

pD_2 的计算公式为: $pD_2 = q - lgA$

q:引起 50% 最大效应的等效浓度之前的某一个已知浓度的负对数值。

lgA:根据 q 与产生 50% 最大效应的等效浓度之间的距离(mm),查附表 2 所得。

阿托品的 pA_2 是阿托品的拮抗参数,它代表了阿托品对 M 受体的拮抗能力,其值越大,拮抗能力越强。

pA_2 的计算公式为: $pA_2 = pA_x + lg(x-1)$

pA_x:所用竞争性拮抗剂的摩尔浓度的负对数值。

$lg(x-1)$:根据加入拮抗剂后,激动剂的量效曲线在最大效应的 50% 处向高剂量方向平行移动的距离(mm),查附表 1 所得。

【实验后处理】

1. 截取用阿托品前和用阿托品后的有代表性的肠管收缩曲线,用适当的软件制成收缩曲线图谱并打印出来。

2. 以实验所得数据在普通方格纸上绘制出乙酰胆碱的量效曲线图,图中要求标明 $\lg A$ 和 $\lg(x-1)$ 的测量位置。

3. 按照公式计算出乙酰胆碱的 pD_2 和阿托品的 pA_2,说明其意义。

4. 写出实验报告,并附上打印的肠管收缩曲线图和手工绘制的量效曲线图。

【注意事项】

1. 实验前要做好张力换能器的定标工作,以确定采样数值与张力之间的换算关系。定标砝码的大小可根据张力换能器的量程和预计测量值适当选择。

2. 悬挂肠段时不要过度牵拉肠段,肠段与张力换能器的连线不得与管壁接触。

3. 加药时应将药液直接滴在浴管内的液面上,不要滴在连线及管壁上。

4. 为了正确地累积效应,在每次收缩效应达到最大幅值后应立即给予下个剂量的乙酰胆碱,若前一个剂量达到最大效应后仍然慢慢观察,则效应难以累积,故可稍微提前加入下一个剂量。

5. 换洗用的蒂罗德液应预先加热到 38℃,且浴管内营养液的容积在冲洗前后要一致。

6. 给药开始前要将肠管和换能器固定好,实验中不能再改变肠管的负荷量。

【思考问题】

1. 作用于受体的药物,其效应强度的大小和作用性质与哪些因素有关? 如何比较受体激动剂内在活性的强弱?

2. 为什么 pD_2 要用达到最大效应的 50% 时激动剂摩尔浓度的负对数来表示?

3. 说明竞争性受体拮抗剂对激动剂的量效曲线的影响。

4. 计算公式中 $\lg A$ 和 $\lg(x-1)$ 的真正含义是什么?

8.3　传出神经系统药物对血压和心率的影响

【实验目的】

　　学习动物血压实验的方法,观察和分析乙酰胆碱、肾上腺素拟似药与阻断药对动物血压、心率的影响及其相互作用。

【相关知识】

　　血循环系统是一个由心脏和血管互相串连而构成的基本上封闭的管道系统。心脏有节律地搏出血液,推动血液在血管内循环流动,血管内血液对血管壁的侧压力称为血压。测定血压时,是以血压与大气压作比较,用血压高于大气压的数值表示血压的高度,过去以 mmHg(毫米汞柱)为单位表示,现标准化以 kPa(千帕)为单位表示(1kPa = 7.5mmHg)。在血容量一定的前提下,影响血压高低的最主要的因素是心排血量和血管外周阻力,一般来说,收缩压主要反映心排血量的大小,舒张压主要反映血管外周阻力的大小,脉压反映收缩压与舒张压之间的差值,平均动脉压(舒张压 + 脉压/3)反映心脏在整个心动周期中给予动脉内血液的平均推动力。

　　心脏和血管都受胆碱能神经和去甲肾上腺素能神经的双重支配,心脏上有 β_1 和 M 受体,血管上有 α、β、M 受体,传出神经递质的释放量和这些受体的功能状态会影响到效应器(心脏和血管)的效应。

　　传出神经系统药物具有拟似或拮抗传出神经递质的作用,根据其作用性质可将传出神经系统药物分为拟似药和拮抗药两大类。有些药物是直接作用于心血管乃至神经节上相应的受体(包括 α、β、M、N 受体)产生一定的效应,我们称之为受体激动剂(兴奋剂)或受体拮抗剂(阻断剂),有些药物是通过模拟或影响神经递质的作用而发挥效应。通过实验,我们可以观察到多种传出神经系统药物对心血管功能的影响,进一步联系理论分析其作用原理,掌握其作用特点。

【实验材料】

　　家兔;兔手术台,手术器械,MedLab 生物信号采集处理系统,心电记录电极,压力换能器,三通管,静脉输液装置,注射器;0.4%肝素生理盐水,3%戊巴比妥钠溶液,生理盐水,1∶10 000 盐酸肾上腺素,1∶10 000重酒石酸去甲肾上腺素,5∶100 000盐酸异丙肾上腺素,$1 \times 10^{-8} \sim 1 \times 10^{-4}$mol/L 乙酰胆碱,0.1%乙酰胆碱,0.1%水杨酸毒扁豆碱(或者 0.02%甲基硫酸新斯的明),1%硫酸阿托品,1%酚妥拉明,0.5%盐酸普萘洛尔。

【实验步骤】

1. 实验计算机参数设置。打开计算机,启动 MedLab 生物信号采集处理系统,按表 8-5 进行本实验的计算机参数设置,或者直接选择"动脉血压记录"定制实验。

表 8-5　MedLab 系统实验设置参数

采　样	参　数	
显示方式	连续记录	
采样间隔	1ms	
采样通道	1(DC)	3(AC)
处理名称	血压	心电
放大倍数	200	500
滤　波	全通 10kHz	全通 100Hz
X 轴压缩比	100:1	5:1
Y 轴压缩比	8:1	16:1

将动脉导管和压力换能器通过三通管相连接,并预先充满 0.4%肝素生理盐水,排净气泡,设置好压力零点备用。

2. 取家兔称重后,耳缘静脉注射 3% 戊巴比妥钠 1.0ml/kg 麻醉,仰卧位固定于手术台上。分离气管,插入气管插管。

分离一侧股静脉,向近心端插入静脉插管,静脉插管与充满生理盐水的静脉输液装置相连接,供静脉注射药物用。

分离一侧颈总动脉,向近心端插入充满 0.4% 肝素生理盐水的动脉导管,导管另一端与连接第 1 通道的压力换能器相连接。打开动脉夹,记录血压曲线。

四肢皮下插入连接第 3 通道的心电引导电极,红色(负极)——右前肢,黑色(接地)——右后肢,黄色(正极)——左后肢,记录标准第Ⅱ导联心电图。

3. 待曲线稳定后,记录给药前的血压、心率等指标。然后注入生理盐水 1.0ml,连续三次,注意观察每次注入生理盐水后是否引起血压、心率的变化。

4. 按顺序由静脉插管注入下列几组药物,每次给药完毕后随即注入 1.0ml 生理盐水。

(1) 比较几种拟肾上腺素药的作用

1:10 000 肾上腺素 0.1ml/kg;

1:10 000 去甲肾上腺素 0.1ml/kg;

5:100 000 异丙肾上腺素 0.05~0.1ml/kg。

每次给药完毕要待血压恢复或稳定后再给下一种药物。注射异丙肾上腺素要缓慢,根据血压变化适当调整给药剂量,以防血压过度降低。

(2) 观察肾上腺素受体激动药与受体阻断药的相互作用

1% 酚妥拉明 0.2ml/kg;

1:10 000 肾上腺素 0.1ml/kg;

0.5% 普萘洛尔 0.1ml/kg;

1:10 000 肾上腺素 0.1ml/kg;

5∶100 000 异丙肾上腺素 0.05~0.1ml/kg。

给予普萘洛尔后要等待 5~10min 再给肾上腺素,使受体得到充分阻断。注射异丙肾上腺素仍要缓慢,以防血压过度降低。

(3) 观察拟胆碱药与抗胆碱药的相互作用

$1×10^{-8}~1×10^{-4}$ mol/L 乙酰胆碱 0.1ml/kg(寻找出引起血压下降的乙酰胆碱的最小有效量与最大无效量);

0.1%毒扁豆碱 0.1ml/kg(或 0.02%甲基硫酸新斯的明 0.2ml/kg);

最大无效量的乙酰胆碱;

1%阿托品 0.1ml/kg;

最小有效量的乙酰胆碱;

0.1%乙酰胆碱 1.0ml/kg。

给阿托品后血压应有所下降,否则应再给阿托品一次,5min 后给予后一种药物。

5. 记录给药前血压和心率的正常值、给药后变化的最大值以及恢复后的数据。

【实验后处理】

1. 按表 8-6 记录给药前后家兔血压和心率的变化数据,附在实验报告中。

表 8-6　传出神经系统药物对血压和心率的影响实验结果

药　物	平均动脉压(kPa)			心率(次/min)		
	给药前	给药后	恢复后	给药前	给药后	恢复后
肾上腺素						
去甲肾上腺素						
异丙肾上腺素						
酚妥拉明						
肾上腺素						
普萘洛尔						
肾上腺素						
异丙肾上腺素						
(乙酰胆碱)						
毒扁豆碱						
乙酰胆碱(最大无效量)						
阿托品						
乙酰胆碱(最小有效量)						
乙酰胆碱(大剂量)						

2. 截取部分具有代表性的血压变化和心电图曲线,用适当的软件(如"画图")制成曲线图谱并打印出来,附在实验报告中。

3. 分析传出神经系统药物对血压和心率的影响及其原理,写出实验报告。

【注意事项】

1. 实验前要做好压力换能器的定标工作,这对正确读数非常重要。动脉插管前,要先用肝素生理盐水液充盈压力换能器,进行"零点设置",然后再插管。实验过程中不要再随意进行"零点设置"。

2. 压力换能器放置的位置与动物心脏要保持在同一水平。要注意三通管的正确使用。

3. 本实验也可用犬、猫或大白鼠进行。犬、猫的来源有限,大白鼠个体较小,手术操作难度较大,故不适宜选做教学实验。

4. 家兔对传出神经系统药物的耐受性较差,故实验中可以分组、分项目进行,然后进行全班总结。

5. 本实验使用药品较多,注意不要混淆,每次给药前要将注射器清洗干净。

6. 要掌握好每次给药的时间,原则上应待血压稳定后再给后一种药物。

7. 酚妥拉明是 α 受体阻断剂,为了观察肾上腺素升压作用的翻转,如一次给药无效,可以补给一次,充分阻断 α 受体,以便显效。

8. 本实验各组给药顺序都有其设计思想,应对其有正确的理解。实验中也可以充分发挥主观能动性,酌情重复效应不佳的实验项目或对实验项目进行增删改动,以达到加深理解的目的。

【思考问题】

1. 如何解释肾上腺素引起的血压先升后降的效应?

2. 比较肾上腺素、去甲肾上腺素、异丙肾上腺素对心血管系统作用的异同点。

3. 说明乙酰胆碱与毒扁豆碱、阿托品之间的相互关系。

8.4　氯丙嗪抗激怒(安定)实验

【实验目的】

学习电激怒实验的方法,观察和分析氯丙嗪抑制小白鼠激怒反应的作用,比较氯丙嗪抗激怒作用与巴比妥类药物中枢抑制作用的差别。

【相关知识】

氯丙嗪是临床常用的抗精神病药物,主要用于治疗精神分裂症,对躁狂抑郁症的躁狂症状也有效。氯丙嗪对中枢神经系统有较广泛的抑制作用。它能减少动物的自发活动,诱导其入睡,能使凶暴的猴子变得驯服,能抑制电刺激小白鼠足底激发的躁动、逃避、对峙、互咬、格斗等激怒反应,能消除精神病人的躁狂行为,这些作用被称之为氯丙嗪的安定作用。

氯丙嗪是中枢多巴胺受体拮抗剂,多巴胺是中枢神经系统的一种重要递质,它与多巴胺神经元、多巴胺受体构成了中枢的多巴胺系统。中枢多巴胺系统与机体的运动、精神、情绪及行为活动等密切相关。当中枢的多巴胺系统活动过强时,可导致精神分裂症及某些躁狂症状的发生,氯丙嗪可对抗由于多巴胺系统活动过强而引发的多种反应。

另外,氯丙嗪对感觉神经传入通路进入脑干网状结构侧支部位的 α 受体也有阻断作用,因而有一定的镇静作用,这可能是氯丙嗪产生安定作用的基础。

巴比妥类药物是普遍性中枢神经系统抑制药,根据用药剂量大小可相继出现镇静、催眠、抗惊厥和麻醉作用。其作用原理在非麻醉剂量时主要是抑制神经系统的多突触反应,减弱易化,增强抑制。主要作用部位在 γ-氨基丁酸(GABA)能神经元传递的突触,增强 GABA 介导的 Cl^- 内流,引起细胞膜的超级化。

【实验材料】

小白鼠(异笼喂养、雄性);YSD-4 型药理生理多用仪(或电刺激器),电刺激激怒装置,秒表,1ml 注射器;0.1%氯丙嗪溶液,0.1%戊巴比妥钠溶液,生理盐水。

【实验步骤】

1. 将电刺激激怒装置连接 YSD-4 型药理生理多用仪的交流输出,把药理生理多用仪后面板上的开关扳向"激怒"一边(切勿扳向"恒温"一边,因恒温输出 220V 交流电,易触电!),前面板上的"刺激方式"置于连续 B,"刺激频率"置于 4Hz,"刺激时间"置于1s。

2.取体重相近的6只小白鼠分成3组,分别将每组小白鼠放在电刺激激怒装置上。打开药理生理多用仪的电源开关,调节多用仪后面板上的交流输出电位器旋钮至"3~5大格"左右,固定刺激条件(电压、频率、刺激时间)不变,刺激1min,观察小白鼠被电刺激后的打斗情况。

如每对小白鼠在1min时间内受刺激后仍不打斗,可另换一鼠配对,再试,或向顺钟向调节多用仪后面板上的交流输出电位器旋钮,适当调高电压,直至小白鼠出现打斗为止。记录每对小白鼠施加电刺激后到出现打斗的时间(激怒潜伏期)和交流输出电位器旋钮的位置(激怒阈值电压),作为对照参数(图8-3)。

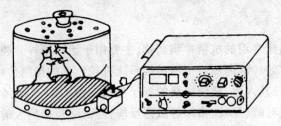

图 8-3 小白鼠激怒实验示意图

3.分别给一组小白鼠腹腔注射0.1%氯丙嗪溶液0.1ml/10g,一组腹腔注射0.1%戊巴比妥钠溶液0.1ml/10g,一组腹腔注射生理盐水0.1ml/10g,给药后20min再给予原强度的电刺激,记录激怒潜伏期。如激怒潜伏期超过给药前3~4倍,小白鼠仍不发生打斗,可适当调节交流输出电位器,增加电刺激强度,再试,如调节电刺激强度至最大仍不发生打斗,即停止实验。

【实验后处理】

1.按表8-7记录各组实验结果并附在实验报告中。

表 8-7 氯丙嗪抗激怒实验结果

组 别	激怒阈值电压(V)		激怒潜伏期(s)	
	给药前	给药后	给药前	给药后
氯丙嗪组				
戊巴比妥钠组				
生理盐水组				

2.分析实验结果并写出实验报告。

【注意事项】

1.使用药理生理多用仪时,其后面板上的开关要扳向"激怒"一边,切忌扳向输出为 220V 交流电的"恒温"一边,防止发生意外。

2．实验时要擦净激怒装置上的小白鼠大、小便,以免发生短路。

3．小白鼠一旦出现典型的打斗反应,应立即关闭电源,不应给予过多的强刺激。

【思考问题】

1．氯丙嗪抗精神病作用的原理是什么?

2．氯丙嗪的安定作用与巴比妥类药物的镇静、催眠作用有什么不同?

8.5 利多卡因的抗心律失常作用

【实验目的】

学习药物诱发大鼠心律失常模型的方法和生物信号采集处理系统记录心电图的方法,观察利多卡因的抗心律失常作用。

【相关知识】

窦房结是心脏的正常起搏点,能产生自动节律维持心脏的正常收缩。此外,心房传导组织(结间束和房间束)、房室交界(结区除外)、心室传导组织(房室束支及浦肯野纤维)等也有自律细胞,具有自动节律性,被称为异位起搏点。自律细胞的舒张期自动除极化是自律性形成的基础,异位起搏点的自律性过高,可导致心律失常的发生。

在每个心动周期中,由窦房结产生的兴奋依次传向心房和心室,这种兴奋传播时所伴随的生物电变化通过周围组织和体液传到全身,使身体各部位在每一心动周期中都发生有规律的电变化。用引导电极置于肢体或躯体的一定部位记录出来的心电变化的波形,即为心电图(ECG)。常规记录心电图的导联方法有 12 种,本实验采用的是标准 Ⅱ 导联,属于双极导联。

标准 Ⅱ 导联有 P、Q、R、S、T 五个基本波形,反映的是心脏兴奋后从心房到心室所发生的综合电位变化过程。当发生心律失常时,其心电图会发生明显的改变,如某些波形消失、倒置,间期的缩短或延长等。根据这些变化,可以判断心律失常发生的类型和严重程度。

制备心律失常动物模型的方法有多种,包括药物诱发、电刺激诱发、结扎冠状动脉等方法。本实验采用药物诱发心律失常的方法。氯化钡能增加浦肯野纤维对 Na^+ 的通透性,促进细胞外 Na^+ 的内流,提高其舒张期自动除极化的速率,从而诱发室性心律失常,可表现为室性期前收缩、二联律、室性心动过速、心室纤颤等。利多卡因属于ⅠB类的抗心律失常药物,可抑制浦肯野纤维 Na^+ 的内流和促进 K^+ 的外流,还能减少细胞复极的不均一性,对过速型室性心律失常有良好的对抗作用。

【实验材料】

大白鼠;MedLab 生物信号采集处理系统,大鼠手术台,手术器械,头皮静脉针头,1ml 注射器;0.4%氯化钡溶液,0.5%盐酸利多卡因溶液,30%水合氯醛溶液,生理盐水。

【实验步骤】

1.取大白鼠两只(一只为对照鼠,另一只为实验鼠),腹腔注射30％水合氯醛溶液 0.1ml/100g 麻醉,然后仰卧固定于手术台上,于大腿内侧股动脉搏动处剪开皮肤约2cm,暴露股静脉,插入与注射器相连的头皮静脉针头(或从舌下静脉、尾静脉给药)并加以固定,以备给药。

2.实验计算机参数设置。打开计算机,启动 MedLab 生物信号采集处理系统,按表8-8进行本实验的计算机参数设置,或直接选择"利多卡因的抗心律失常作用"定制实验。

3.将针形电极插入大白鼠四肢皮下,红色(负极)——右前肢,黑色(接地)——右后肢,黄色(正极)——左后肢,记录一段大白鼠正常的第Ⅱ导联心电图。

4.给实验鼠快速静脉注射0.4％氯化钡溶液0.1ml/100g,记录给药开始至心律失常发生的时间。当出现心律失常的心电图后(图8-4),立即静脉注射0.5％盐酸利多卡因溶液0.1ml/100g解救,观察和记录从给药开始至心电图恢复正常的时间。

表 8-8　MedLab 系统实验配置参数

采　样	参　数
显示方式	连续记录
采样间隔	1ms
采样通道	3(AC)
处理名称	心电
放大倍数	200
滤　波	全通 100kHz
X 轴压缩比	5:1～10:1
Y 轴压缩比	1:1

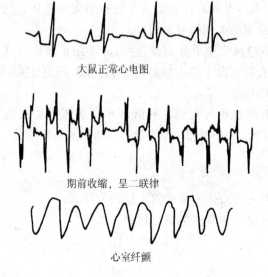

大鼠正常心电图

期前收缩,呈二联律

心室纤颤

图 8-4　大鼠心电图

　　对照鼠给予同量的氯化钡,并记录给药开始至心律失常发生的时间。出现心律失常后,立即注射同量的生理盐水,观察并记录从给药开始至心电图恢复正常的时间。

　　5.以能否诱发心律失常为指标,评价氯化钡在制备心律失常模型中的作用。以能否立即纠正心律失常或心律失常的持续时间有无缩短为指标,评价利多卡因对氯化钡诱发大白鼠心律失常的治疗作用。

【实验后处理】

　　1.编辑并打印出具有代表性的心电图图谱。

　　2.按表 8-9 列表显示实验结果。

表 8-9　利多卡因的抗心律失常作用实验结果

动　物	心律失常发生时间(s)	心电图恢复正常时间(s)
实验鼠		
对照鼠		

　　3.分析实验结果并写出实验报告。

【注意事项】

　　1.给药顺利与否是本实验成败的关键。给药前要确认注射针头已插入静脉内而不是在皮下组织中,否则不易引起典型的心律失常,抢救效果也不理想。

　　2.大白鼠静脉给药后诱发心律失常的作用较快,即使发生心室纤颤,也有自然恢复的可能。而利多卡因对抗心律失常的作用奏效极快,应注意密切观察心电图的变化,及时记录下心电图恢复的时间。

　　3.大白鼠舌下静脉位置十分表浅,注射时可用止血钳夹住舌尖,小心固定舌头,用 4 号注射针头斜面向上插入静脉后,用静脉夹固定针头。如针尖插入稍深,必然刺穿静脉,影响给药。

　　4.氯化钡溶液应临用前配制。麻醉药水合氯醛不能用戊巴比妥钠等替代。有时水合氯醛也可诱发心律失常,可等待其自然恢复后再用药。

【思考问题】

　　1.利多卡因对何种心律失常疗效最好?为什么?

　　2.心律失常可以分为哪些类型?何谓二联律?

8.6 磺胺类药物药动学参数的测定

【实验目的】

学习测定药动学(又称药物代谢动力学)各种参数的方法。掌握两种药物消除动力学类型(零级、一级)的特点及在半对数纸上绘制时量曲线的方法。熟悉药物房室模型、双相指数消除曲线的概念和磺胺类药物的比色原理。了解药动学参数的临床意义和计算方法。

【相关知识】

药动学(pharmacokinetics, PK)是将动力学原理应用于药物研究的一门科学。它主要研究体内药物及其代谢物随着时间动态量变的规律,即研究体内药物的存在位置、数量(或浓度)与时间的关系,从而了解这种动态行为如何影响药效,又如何受药物因素、机体条件等的影响。药动学原理普遍指导着有关药物研究的各个学科的实验设计及数据处理,对新药研究、药物制剂的质量控制,特别是指导临床合理用药具有重要的实用价值。

体内的药物由于分布、代谢、排泄等原因,在血液中的浓度会随着时间的变化而发生改变,为了考察药物在体内的变化规律,需要进行药动学参数的测定。在进行药动学参数测定实验前,需要了解药物房室模型和消除方式的概念。

药物的房室模型是按照药物转运的速度以数学方法划分的抽象概念。一般来说,多数药物进入体内后以二室模型进行转运,二室模型是假定机体由两个房室(中央室和周边室)组成,药物进入机体后立即分布到中央室,然后才缓慢地分布到周边室。将属于二室模型代谢的药物单次快速静脉注射,以血浆药物浓度的对数对相应时间制图,可得到双相指数消除曲线,初期血药浓度迅速下降,称 A 相(分布相),主要反映药物的分布过程,分布平衡后,进入血药浓度下降较慢的 B 相(消除相),主要反映药物的消除过程。本实验中药动学参数的测定和计算是基于二室模型的基础上进行的。

药物的消除方式分为一级动力学消除(恒比消除)和零级动力学消除(恒量消除)两种。绝大多数药物的消除为一级动力学消除,即药物是根据瞬时血药浓度以恒定的百分比进行消除的,其特征是血药浓度的对数与相应时间呈直线关系(呈指数衰减)。理解这点对制图和运用公式计算药动学参数也十分重要。

药动学参数的测定步骤是以药物的单剂量(或多剂量)经某一途径给药后,定时采血,用敏感方法测定血药浓度。然后以血药浓度对采血时间在半对数纸上制图,画出时量曲线,从曲线上判断该药物的房室模型和消除方式类型,如快速静脉注射给药后得到的时量曲线为一条直线,则属于一室模型、一级动力学消除;绘制出的时量曲线为两条直线,则属于二室模型、一级动力学消除。再根据药动学计算公式,计算药物的药动学参数。

本实验中用来进行药动学参数测定的模型药为磺胺药。磺胺类药物能与某些试剂发生反应生成有色物质,这样,应用比色法就可以对磺胺类药物的血浓度进行定量分析。磺胺药在酸性环境下其苯环上的氨基($—NH_2$)离子化生成铵类化合物($—NH_3^+$),该铵类化合物与亚硝酸钠发生重氮化反应生成重氮盐($—N = N^+—$),再进一步与麝香草酚作用,生成稳定的橙色偶氮化合物,将该化合物在525nm波长下比色,其光密度与磺胺药浓度呈正比关系,据此可求出各时间点体内磺胺药的血药浓度。

显色反应过程如图8-5:

NaNO₂ / CCl₃COOH
磺胺类药物 → 重氮盐 + 麝香草酚 → NaOH → 偶氮化合物

图 8-5 磺胺类药物显色反应过程

【实验材料】

家兔;手术器械,兔手术台,离心管,试管,试管架,注射器,吸管,洗耳球,紫外分光光度计,计算器,半对数纸;10%磺胺嘧啶钠溶液,0.1%磺胺嘧啶钠标准液,7.5%三氯醋酸溶液,0.5%亚硝酸钠溶液,0.5%麝香草酚溶液(用20%氢氧化钠溶液配制),0.4%肝素生理盐水,1%盐酸普鲁卡因溶液。

【实验步骤】

1. 取家兔1只,称重后仰卧固定于兔手术台上,颈部手术区剪毛,用1%盐酸普鲁卡因局部浸润麻醉,手术后进行气管插管和颈总动脉插管,动脉插管外套三通管以备取血用。

2. 耳缘静脉注射0.4%肝素生理盐水1ml/kg。

3. 按表8-10准备好离心管10支,各加入7.5%三氯醋酸溶液2.7ml待用。

4. 打开三通管,用一支干净试管放取空白血样约1ml,再从中分别精密吸取0.2ml放入1号管(对照管)和2号管(标准管)中,充分摇匀。然后快速静脉注射10%磺胺嘧啶钠3ml/kg,分别于注射完后1、3、5、15、30、45、60、90min时由动脉取血,精密吸取0.2ml血样加到含有2.7ml三氯醋酸溶液的3～10号离心管中,充分摇匀。标准管中加入0.1%磺胺嘧啶钠标准液0.1ml,其余各管再加蒸馏水0.1ml摇匀。

5. 将上述各管溶液离心5min(3000r/min),然后取上清液1.5ml,加入0.5%亚硝酸钠溶液0.5ml,摇匀,再加入0.5%麝香草酚溶液1ml后摇匀(此时颜色应为橙色)。

6. 设定分光光度计测定波长为525nm,用1号管(对照管)调零,用2号管(标准管)调定浓度为500μg/ml,依次测定给药后各时间点取血试管内的药物浓度,并填入表8-10中。

表 8-10 磺胺类药物血药浓度测定加样步骤

试管	取样时间 (min)	三氯醋酸 (ml)	血 (ml)	蒸馏水 (ml)	标准液 (ml)	亚硝酸钠 (ml)	麝香草酚 (ml)	血药浓度 (μg/ml)
1 对照管	—	2.7	0.2	0.1	—	0.5	1	
2 标准管	—	2.7	0.2	—	0.1	0.5	1	
3 样品管	1	2.7	0.2	0.1	—	0.5	1	
4 样品管	3	2.7	0.2	0.1	—	0.5	1	
5 样品管	5	2.7	0.2	0.1	—	0.5	1	
6 样品管	15	2.7	0.2	0.1	—	0.5	1	
7 样品管	30	2.7	0.2	0.1	—	0.5	1	
8 样品管	45	2.7	0.2	0.1	—	0.5	1	
9 样品管	60	2.7	0.2	0.1	—	0.5	1	
10 样品管	90	2.7	0.2	0.1	—	0.5	1	

7. 计算磺胺类药物药动学参数。

(1) 以时间(t)为横坐标,实测药物浓度值(C)为纵坐标,用所得的数据在半对数纸上做点连线,绘制具有二室模型特征的时量曲线图。

(2) 在时量曲线图上找出曲线的拐点,利用直线回归法求算出末端消除相的直线回归方程:

$$\lg C = a(截距) + b(斜率) \cdot t$$

根据直线回归方程计算出消除相线性方程中的B(消除相的系数)和β(消除速率常数),得消除相线性方程:$C_2 = Be^{-\beta t}$。

$$B = 10^a$$

$$\beta = -2.303 \cdot b$$

根据消除相线性方程$C_2 = Be^{-\beta t}$求算外推线上分布相各相应时间点的药物浓度,用分布相中的实测浓度值减去外推线上的药物浓度值,即可得一系列剩余浓度值。将各时间点的剩余浓度值填入表 8-11 中。

表 8-11 A 相各时间点上的有关药物浓度值

时间(t) (min)	实测浓度(C) (μg/ml)	外推浓度(C') (μg/ml)	剩余浓度(C'') (μg/ml)
1			
3			
5			
…			
…			

（3）利用直线回归法求算出初始分布相中剩余浓度值与时间的直线回归方程：

$$\lg C = a(截距) + b(斜率) \cdot t$$

根据此直线回归方程计算出分布相线性方程中的 A（分布相的系数）和 α（分布速率常数），得分布相线性方程：$C_1 = Ae^{-\alpha t}$。

$$A = 10^a$$

$$\alpha = -2.303 \cdot b$$

（4）将上述两个线性方程合并，即得磺胺药的二室模型时量曲线方程：

$$C = C_1 + C_2 = Ae^{-\alpha t} + Be^{-\beta t}$$

（5）按下列公式计算出各种药动学参数。

$$分布半衰期(t_{1/2A}): t_{1/2A} = \frac{0.693}{\alpha}$$

$$消除半衰期(t_{1/2B}): t_{1/2B} = \frac{0.693}{\beta}$$

$$曲线下面积(AUC): AUC_{0 \to t} = \frac{A}{\alpha} + \frac{B}{\beta}$$

$$表观分布容积(Vd): Vd = \frac{X_0}{\beta \cdot AUC_{0 \to t}}$$

X_0：给药剂量（注意单位换算应与血药浓度保持一致）。

$$血浆清除率(CL): CL = \frac{X_0}{AUC_{0 \to t}}$$

【实验后处理】

1. 根据测得的血药浓度，用半对数纸绘制磺胺药时量曲线图。
2. 分别求出 α、β、A、B，据此计算出有关药动学参数填入表 8-12 中。

表 8-12　磺胺药药动学参数测定结果

参数名称	数　值(单位)
分布半衰期	
消除半衰期	
曲线下面积	
表观分布容积	
血浆清除率	

3．写出实验报告并附上绘制的磺胺药时量曲线图。

【注意事项】

1．动脉插管外留段不要太长,约保留 6~8cm 即可。插管外连接三通管,以便定量取血。每次取完血后用生理盐水将插管中的血缓慢推入动脉内,下次取血前要先将插管中的生理盐水和死腔血放掉,然后再取血样。

2．每吸取一个血样时应更换吸管,若用同一吸管取样必须将其中的残液用生理盐水冲洗干净。血样和试剂要按教材要求逐份加入、处理,顺序不可颠倒。

3．每次的取血量要准确。血样加入含有三氯醋酸溶液的离心管后应立即摇匀,否则易出现血凝块,影响测定结果。

4．标准液配制和吸取时取量要准确,否则影响整个实验结果的准确性。

5．若因故延误了取样时间,应按实际取样时间绘图和计算。

【思考问题】

1．什么是药物的半衰期?了解药物的半衰期对指导临床用药有何意义?

2．说明实验中所求得的其他药动学参数的概念和意义。

附:药动学参数的计算例题

因为多数药物的药动学过程符合二室模型,故以二室模型药物头孢曲松为例,结合具体实验数据,说明各项药动学参数的计算方法。

某研究人员研究头孢曲松(ceftriaxone)在正常人体内的药动学参数,分别由静脉和肌内注射了药物 1.0g,随后采血测定血药浓度,结果如表 8-13。

1．速率常数和系数的计算　符合二室模型、一级动力学代谢的药物一次快速静注后,将其血药浓度的对数与时间制图,便得到符合下列方程式的由两段直线构成的双相指数消除曲线(图 8-6)。

$$C = C_1 + C_2 = Ae^{-\alpha t} + Be^{-\beta t}$$

表 8-13　一次肌内注射和静脉注射头孢曲松后的血浆药物浓度

取样时间(h)	血浆药物浓度(μg/ml)	
	肌内注射	静脉注射
0	0	0
0.25	62.4	239.3
0.50	103.4	194.8
0.75	118.5	175.5
1.00	125.7	158.1
2.00	119.4	114.3
4.00	92.6	79.4
8.00	68.2	56.8
12.00	47.3	38.8
24.00	17.2	14.4
36.00	6.2	5.2

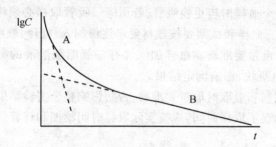

图 8-6　二室模型时量曲线图

A 分布相(实线)及分布曲线(虚线)

B 消除相(实线)及消除曲线(虚线)

　　该曲线前段血药浓度迅速下降,称为 A 相或分布相,它是分布与消除两个过程同时进行的结果,但主要反映药物自中央室向周边室较快的分布过程。当分布平衡后,血药浓度呈缓慢下降趋势,称 B 相或消除相,主要反映药物从中央室不可逆地缓慢消除的过程。

　　二室模型的药物其双相指数消除曲线方程为:

$$C = Ae^{-\alpha t} + Be^{-\beta t} \tag{8-1}$$

　　方程式中 C 为 t 时的血药浓度,t 为消除时间,α 为分布相的速率常数,β 为消除相的速率常数,A 和 B 为双指数公式的两个系数,B 为消除相曲线外推至纵坐标(浓度)的截距。将分布相实测的血药浓度值减去消除相段相应各时间上的外推浓度值,得剩余浓度值(差值),用剩余浓度值与相应时间在半对数纸上制图,得另外一条直线,将此直线外推至纵坐标的截距,即为 A。

方程式中 β、B 可按最小二乘法求得消除相时量关系的最佳直线,然后根据直线回归方程确定。方程式中 α、A 先按剩余法求得剩余浓度值,再按最小二乘法直线回归后,根据直线回归方程确定。

计算 β、B、α、A 的步骤如下:

(1)用最小二乘法求出 β 相的最佳直线(实验数据见表 8-14)。

根据所制图形,确定其分布相与消除相之间的拐点大约在 2h 左右,因此利用表 8-14 的数据对消除相进行直线回归,直线回归方程为:

$$\lg C = a(截距) + b(斜率) \cdot t \tag{8-2}$$

$$b = \frac{\sum t \cdot \lg C - \sum t \cdot \sum \lg C / n}{\sum t^2 - (\sum t)^2 / n} \tag{8-3}$$

$$a = \frac{\sum \lg C - b \cdot \sum t}{n} \tag{8-4}$$

表 8-14 静注 2 小时后 6 个时间点血药浓度的最小二乘法计算表

$t(h)$	$C(\mu g/ml)$	$\lg C$	$t \cdot \lg C$	t^2
2	114.3	2.06	4.12	4
4	79.4	1.90	7.60	16
8	56.8	1.76	14.00	64
12	38.8	1.59	19.08	144
24	14.4	1.16	27.84	576
36	5.2	0.72	25.92	1296
86		9.18	98.56	2100
$\sum t$		$\sum \lg C$	$\sum t \cdot \lg C$	$\sum t^2$

也可利用计算器的直线回归功能,直接求出方程中的 a 和 b。

$$\because b = \frac{-\beta}{2.303}$$

$$\therefore \beta = -2.303 \cdot b \tag{8-5}$$

$\because a$ 为 β 相段外推至纵坐标的截距,其反对数即为 B。

$$\therefore B = 10^a \tag{8-6}$$

将实验数据代入公式(8-3)、(8-4)、(8-5)、(8-6)分别求得:

$$b = \frac{98.56 - 86 \times 9.18/6}{2100 - 86^2/6} = -0.038$$

$$a = \frac{9.18 - (-0.038) \times 86}{6} = 2.07$$

$$B = 10^{2.07} = 117.5(\mu g/ml)$$

$$\beta = (-2.303) \times (-0.038) = 0.088(h^{-1})$$

(2)求算剩余浓度值。利用消除相线性方程求算出分布相各时间点上的外推浓度值,用实测血药浓度值减去 B 相段外推线上各时间的外推浓度值,即为剩余浓度值(实验数据见表 8-15)。

表 8-15　A 相各时间点上的血药浓度值

时间(t) (h)	实测浓度(C) (μg/ml)	外推浓度(C') (μg/ml)	剩余浓度(C'') (μg/ml)
0.25	239.3	114.9	124.4
0.50	194.8	112.4	82.4
0.75	175.5	110.0	65.5
1.00	158.1	107.6	50.5
2.00	114.3	98.5	15.8

根据下式求算出 B 相段外推线上各时间点的相应血药浓度值(C')。

$$C' = Be^{-\beta t} \tag{8-7}$$

(3) 用最小二乘法求出 A 相的最佳直线(实验数据见表 8-16)。

表 8-16　剩余血药浓度的最小二乘法计算表

t(h)	$C(\mu$g/ml)	lg$C$	$t\cdot$lg$C$	t^2
0.25	124.4	2.09	0.52	0.06
0.50	82.4	1.92	0.96	0.25
0.75	65.5	1.82	1.37	0.56
1.00	50.5	1.70	1.70	1.00
2.00	15.8	1.20	2.40	4.00
4.50		8.73	6.95	5.84
Σt		Σlg$C$	$\Sigma t\cdot$lg$C$	Σt^2

将实验数据代入公式(8-3)、(8-4)、(8-5)、(8-6),分别求得:

$$b = -0.51$$
$$a = 2.21$$
$$A = 10^{2.21} = 162.2(\mu\text{g/ml})$$
$$\alpha = (-2.303) \times (-0.51) = 1.17(\text{h}^{-1})$$

经上述计算,得出了公式(8-1)中的四个数值,即:

$$A = 162.2(\mu\text{g/ml})$$
$$B = 117.5(\mu\text{g/ml})$$
$$\alpha = 1.17(\text{h}^{-1})$$
$$\beta = 0.088(\text{h}^{-1})$$

2. 半衰期的计算　半衰期包括分布半衰期($t_{1/2A}$)和消除半衰期($t_{1/2B}$)。分布半衰期是指在药物的分布阶段,血药浓度下降一半所需要的时间。消除半衰期是指血浆药物浓度消除一半所需要的时间。

符合二室模型药物的半衰期计算公式为:

$$t_{1/2A} = \frac{0.693}{\alpha} \tag{8-8}$$

$$t_{1/2B} = \frac{0.693}{\beta} \tag{8-9}$$

$t_{1/2A}$ 为分布半衰期,$t_{1/2B}$ 为消除半衰期。

将 α、β 值代入公式(8-8)、(8-9),则

$$t_{1/2A} = \frac{0.693}{1.17} = 0.59(\text{h})$$

$$t_{1/2B} = \frac{0.693}{0.088} = 7.88(\text{h})$$

3. 曲线下面积的计算 曲线下面积($AUC_{0 \to \infty}$)反映的是用药后进入体循环的药物相对量。曲线下面积的计算多用梯形法。$AUC_{0 \to \infty}$ 是指时间由 0 至 ∞ 时的药-时曲线下总面积。实验测定血药浓度一般只能测到 t 时的曲线下总面积($AUC_{0 \to \infty}$),其计算公式如下:

$$AUC_{0 \to \infty} = \sum_{i=0}^{n-1} \left[\frac{(C_i + C_{i+1})}{2} \times (t_{i+1} - t_i) \right] \tag{8-10}$$

梯形法的优点是仅需要列出一系列的实验数据,即可利用公式(8-10)简单地计算出曲线下面积(见表 8-17)。

表 8-17 应用梯形法求曲线下面积

取血时间 (h)	血药浓度 ($\mu g/ml$)	时间间隔 (h)	平均血药浓度 ($\mu g/ml$)	面积 $[(\mu g/ml) \cdot h]$
0	0	—	—	—
0.25	239.3	0.25	119.7	29.9
0.50	194.8	0.25	217.1	54.3
0.75	175.5	0.25	185.2	46.3
1.00	158.1	0.25	166.8	41.7
2.00	114.3	1.00	136.2	136.7
4.00	79.4	2.00	96.9	193.7
8.00	56.8	4.00	68.1	272.4
12.00	38.8	4.00	47.8	191.2
24.00	14.4	12.00	26.6	319.2
36.00	5.2	12.00	9.8	117.6
合　计				1403.0

快速静脉注射符合二室模型的药物,尚可用下列公式计算 $AUC_{0 \to \infty}$。

$$AUC_{0 \to t} = \frac{A}{\alpha} + \frac{B}{\beta} \tag{8-11}$$

将 A、B、α、β 数值代入公式(8-11),则 $AUC_{0 \to t} = 1474[(\mu g/ml) \cdot h]$

4. 表观分布容积的计算 表观分布容积(Vd)是指静脉注射一定量的药物,待分布平衡后,按测得的血浆药物浓度计算该药应占有的体液容积。表观分布容积的计算方法有多种,其中较好的方法是面积法,其计算公式如下:

$$Vd = \frac{X_0}{\beta \cdot AUC_{0 \to t}} \tag{8-12}$$

X_0:给药剂量。

将 X_0、β、$AUC_{0 \to t}$ 值代入公式(8-12),则:

$$Vd = \frac{1 \times 10^6 (\mu g)}{0.088(h^{-1}) \times 1474[(\mu g/ml) \cdot h]} = 7709(ml)$$

5. 血浆清除率的计算 血浆清除率(CL)是指单位时间内药物被清除干净的血浆容积,它是肝、肾及其他途径清除率的总和。清除率的计算公式除 $CL = \beta \cdot Vd$ 外,尚有:

$$CL = \frac{X_0}{AUC_{0 \to \infty}} \tag{8-13}$$

将 X_0、$AUC_{0 \to t}$ 值代入公式(8-13),则:

$$CL = \frac{1 \times 10^6 (\mu g)}{1474[(\mu g/ml) \cdot h]} = 687(ml/h) = 0.687(L/h)$$

6. 生物利用度的计算 生物利用度是指药物能被吸收进入体循环的相对量和速度,用 F 表示。生物利用度有绝对生物利用度和相对生物利用度之分。

$$F_{绝对}(\%) = \frac{AUC_{0 \to \infty}(血管外给药)}{AUC_{0 \to \infty}(静脉注射给药)} \times 100\% \tag{8-14}$$

$$F_{相对}(\%) = \frac{AUC_{0 \to \infty}(受试制剂)}{AUC_{0 \to \infty}(标准制剂)} \times 100\% \tag{8-15}$$

将某药静脉注射给药和其他途径给药分别得到的 $AUC_{0 \to t}$ 值代入公式(8-14),便可求得该药的绝对生物利用度。用某药的标准制剂和受试制剂作对照,便可求得该药的相对生物利用度。

9 生理科学实验的实验设计

生理科学实验是以大量的实验尤其是动物实验为基础,研究正常的、疾病状态下的以及使用药物以后的生物体功能活动变化及其规律,与其他的医学实验研究一样,生理科学实验的研究也有一定的程序,其基本程序大致包括立题、设计、实验准备、预备实验和正式实验、实验结果处理和统计分析、作出结论和撰写论文等环节。广义上的实验设计(也称研究设计)就是指对上述基本程序的设计,而狭义的实验设计仅指实验的随机分组方法。

9.1 医学实验研究的基本程序

在医学研究的过程中,一般是根据对事物的认识提出某一问题,经过查阅文献,归纳前人的成就和看法,进行逻辑推理,从而形成一种有科学依据的设想和假设。在此基础上,设计用以证明该设想的技术路线,并选择合适的实验方法,安排实验步骤,然后进行实验观察和积累资料,经过数据处理和统计分析,最后得出结论来验证当初的设想和假说。

立题 立题在医学实验研究中具有第一位的重要性,立题时需要注意科学性、先进性、可行性和实用性。科学性是指选题有充分的科学依据;先进性是指所选研究课题应该对已知的规律有所发现和创新;可行性是指立题时要考虑到现实所具备的主、客观条件;实用性是指立题有明确的目的和意义。立题的过程是一个创造性思维的过程,它需要查阅大量的文献资料及实践资料,了解所要研究的课题近年来已经取得的成果和存在的问题,找出要探索的课题关键环节所在,提出新的构思,从而最后确定要研究的课题。

建立假说 所谓假说就是预先假定的答案或解释,也就是实验的预期结果。科学的假说是关于事物现象的原因、性质或规律的推测性说明。建立假说需要运用对立统一的观点,进行类比、归纳、演绎等一系列逻辑推理过程。

设计 设计就是根据立题而制定出实验研究的计划和方案,是对实验研究所涉及的各项基本问题的合理安排。它包括选择实验材料和实验对象,确定实验的例数和分组,明确实验的技术路线和观察指标,决定数据的测量和处理方法等。设计是实验操作的依据,数据处理的前提,是实验研究能够获得预期结果的重要保证。

实验准备 实验准备包括实验理论准备和实验实施准备。实验理论准备是指要熟悉实验必备的理论知识,查阅实验方法、实验技术等的参考文献。实验实施准备是指要调试好实验仪器,配制好药物和试剂,准备好实验动物等。这些都是实验研究的理论和物质基础。

预备实验 预备实验是在实验准备完成以后对实验的"预演",其目的在于检查各项准备工作是否完善,实验方法和步骤是否切实可行,测量指标是否稳定可靠,初步了解实验结果与预期结果的距离,从而为正式实验提供补充、修改的意见和经验。通过预备实验,还可以熟练实验技术,调整处理因素的强度和用药的剂量,保证正式实验的顺利进行。

正式实验 正式实验就是按照预备实验确定的步骤进行的完整的实验,必须严肃认真地进行操作,熟练地掌握实验方法,仔细观察实验过程中出现的现象并进行思考,及时、准确、客观地观察和记录实验结果。经过分析认为属于错误操作或不合理的结果应当重做实验。

通常医学研究实验的实验记录项目和内容包括:实验名称、实验日期、参加实验者;动物种类、品系、编号、体重、性别、来源、离体器官名称等;实验药物和试剂的名称、生产厂家、剂型、批号、规格、浓度、给药剂量、给药时间等;实验仪器的名称、生产厂商、型号、规格等;实验条件如时间、室温、恒温条件等;实验方法和步骤如动物麻醉、固定、分组、手术部位及过程、施加刺激的强度、各种给药和测定的方法等;实验指标如名称、单位、数值、曲线等。实验记录较详细,对后续的数据分析处理和论文撰写会带来极大的便利。

结果的分析处理 原始的实验资料包括实验过程中产生的文字、数据、图表、照片等,将这些资料进行归纳、整理、核实,计算出各组数据的均值、标准差或率等,制成统计图或统计表,并做相应的统计学检验或计算出某些特征性参数。

撰写论文 根据对实验结果的分析处理,结合立题和建立的假说,就可以做出总结、得出结论并据此撰写出研究论文。研究结论要回答原先的实验设想是否正确,从而对所提出的问题做出解答。研究结论是从实验结果概括或归纳出来的判断,内容要严谨、精炼、准确。撰写出的研究论文要符合一定的格式要求。

9.2 实验设计的三大要素

实验设计包括三个基本要素,即实验对象、处理因素和观察指标。

9.2.1 实验对象

医学研究中为了避免实验给人带来损害或痛苦,除了一些简单的观察如血压、脉搏、呼吸、尿量的实验可以在人体进行以外,主要的实验对象应当是动物。生理科学实验的实验对象是以实验动物为主,选择合适的实验动物对实验的成功有着重要意义。

在选择实验动物时要注意以下几点。

(1)选择合适而又经济易得的动物 灵长类动物的生物学特征最接近人类,但价格昂贵,较少采用。有的实验需用大动物完成,可选犬、羊等。一般实验常选择的实验动物为家兔、大鼠、小鼠,它们适合医学研究而且价格相对较便宜。

(2)根据实验要求选择动物的品种和纯度 不同的实验研究有不同的要求,如原发性高血压大鼠适合高血压实验研究,裸鼠适合做肿瘤病因学实验研究,一般清洁级动物适合教学实验,无菌动物适合较高要求的研究性实验。

(3)选用健康和营养良好的动物 动物的健康状况可以从动物的活动情况和外观加以判断,如犬、家兔、鼠类等动物有病时,常表现为精神萎靡不振、行动迟缓、被毛蓬乱且无光泽、眼部有分泌物或痂样积垢、身上腥臭气味浓重、肛门及外生殖器有稀粪、分泌物等。

(4)动物年龄、体重、性别的一致性 一般选择发育成熟的年幼动物,对性别要求不高的实验可以雌雄兼用,但分组时应雌雄搭配。与性别有关的实验,只能用某一性别的动物。

9.2.2 处理因素

处理因素是指实验者人为地施加给实验对象的某种外部干预,如给予某种化学药物、进行某种手术、接种某类细菌、给予某种刺激等。在确定处理因素时,应注意以下几个问题。

(1)抓住实验中的主要因素 由于处理因素各不相同以及同一处理因素的水平不同,形成处理因素的多样性。在实验设计时,有单因素及多因素设计之分。所谓单因素设计是指给予一种处理因素(如药物),观察处理前后的变化,它便于分析,但花费较大。多因素设计是指给予几种处理因素同时观察,用析因分析法进行设计,它能节省经费和时间。但一次实验涉及的因素不宜过多,否则会使分组增多,受试对象的例数增多,在实际工作中难以控制。但处理因素过少,又难以提高实验的广度和深度。因此,需根据研究目的确定几个主要的、带有关键性的因素。

(2)明确非处理因素 非处理因素虽然不是我们的研究因素,但其中有些可能会影响到实验结果,产生混杂效应,所以这些非处理因素又称混杂因素。如用两种降压药物治疗高血压病人,非处理因素可能有年龄、性别等。若两种降压药组的年龄、性别构成不同,则可能影响降压药疗效的比较。设计时明确了这些非处理因素,才能设法消除它们的干扰作用。

(3)处理因素的标准化 处理因素在整个实验过程中应做到标准化,即保持不变,否则会影响实验结果的评价,如实验的处理因素是药物,则药物的质量(成分、出厂批号等)必须保持不变。

9.2.3 观察指标

观察指标是反映实验对象在经过处理前后发生生理或病理变化的标志。观察指标包括计数指标(定性指标)和计量指标(定量指标)、主观指标和客观指标等。设计一些好的观察指标是体现实验的先进性和创新性的重要环节。观察指标的选择需要符合以下原则。

(1) 特异性　特异性是指观察指标要能够特异地反映观察现象的本质,不会与其他现象相混淆。如高血压中的血压(尤其是舒张压)可以作为原发性高血压(又称高血压病)的特异性指标,血气分析中的血氧分压和二氧化碳分压可以作为呼吸衰竭的特异性指标,尿生化检测中的尿素氮和肌酐可作为肾功能衰竭的特异性指标。

(2) 客观性　客观性是指所选择的观察指标应该是较少受主观偏性的干扰,易于量化(尤其是经过仪器测量和检验而获得的客观指标),如心电图、脑电图、血气分析、生化检测等,而主观指标(如肝、脾触诊)易受主观因素影响,造成较大误差。

(3) 重现性　重现性是指在相同的条件下,指标所测的结果可以重现。重现性高的指标一般意味着偏性小,误差小,能较真实地反映实际情况。要提高重现性,需注意仪器的稳定性,减少操作的误差,控制动物的功能状态和实验环境条件。在注意到上述条件的情况下,重现性仍然很小,说明这个指标不稳定,不宜采用。

(4) 灵敏性　灵敏性是指观察指标要能够根据实验的要求,相应显示出微小的变化,也就是指标的灵敏程度。它是由实验方法和仪器的灵敏度共同决定的。最好选用灵敏性高的指标。如果灵敏性差,对已经发生的变化不能及时检测出来,或者往往得到假阴性结果,这种指标应该放弃。

(5) 精确性　精确性包括准确度和精密度两层意思。准确度是指观察值与真值的接近程度,主要受系统误差的影响。精密度是指重复观察时,观察值与其均数的接近程度,其差值属于随机误差。观察指标最好是既准确又精密。

(6) 可行性　可行性是指选择的观察指标既有文献依据或实验鉴定,又符合实验室的技术设备和实验者的实际水平。

在选择观察指标时,还应注意以下关系:客观指标优于主观指标;计量指标优于计数指标,或者将计数指标改为半定量指标;变异小的指标优于变异大的指标;动态指标优于静态指标;所选的指标要便于统计分析。

9.3　实验设计的三大原则

实现实验设计的科学性,除了对实验对象、处理因素、观察指标做出合理的安排以外,还必须遵循实验设计的三个原则,即对照原则、随机原则和重复原则。

9.3.1　对照原则

"有比较才能有鉴别",要比较就要有对照,要确定处理因素对观察指标的影响,没有对照说明不了问题。所谓对照就是要设立参照物,在比较的各组之间,除了处理因素不同外,其他非处理因素如动物个体差异、实验环境的作用等应尽量保持相同,从而根据处理与不处理之间的差异,了解处理因素带来的特殊效应。

通常实验都应当有实验组和对照组,对照组与实验组有同等重要的意义。设立对照组,应选择同一种属和体重、性别相近的动物,在同一实验环境下进行实验,只是对照组不给特殊的实验处理,由于实验组与对照组的非处理因素处于相同状态,两者的对比可以消除非处理因素带来的误差,实验结果才能说明问题。

对照有多种形式,可根据实验目的加以选择。

(1) 空白对照　又称正常对照,是指在不加任何处理的"空白"条件下或仅给予安慰剂或安慰措施进行观察对照。例如,观察生长素对动物生长作用的实验,就要设立与实验组动物同种属、年龄、性别、体重的空白对照组,以排除动物本身自然生长的可能影响。观察某降压药的作用时,实验组动物服用降压药,对照组动物不服用药物或仅服用安慰剂。

(2) 自身对照　自身对照是指对照与实验均在同一受试动物身上进行。例如用药前后的对比,先用 A 药后用 B 药的对比,均为自身对照。

(3) 组间对照　又称互相对照。不专门设立对照组,而是几个实验组、几种处理方法之间相互对照。例如,用三种方案治疗贫血,三个方案组可以互为对照,以比较疗效的差异,即为组间对照。

(4) 标准对照　标准对照是指用标准值或正常值作为对照,或者在所谓标准的条件下进行实验对照。例如,要判断某人血细胞的数量是否在正常范围内,就要通过计数红细胞、白细胞、血小板的数量,将测得的结果与正常值进行对照,根据其是否偏离正常值的范围作出判断。这时所用的正常值就是标准对照。

(5) 实验对照　实验对照是指在某种有关的实验条件下进行观察对照。如要研究切断迷走神经对胃酸分泌的影响,除了设立空白对照外,还需要设立假手术组作为手术对照,以排除手术本身的影响,这里的假手术组就是实验对照。

9.3.2　随机原则

随机是指对实验对象的实验顺序和分组进行随机处理。随机分配指实验对象分配至各实验组或对照组时,它们的机会是均等的。如果在同一实验中存在数个处理因素(如先后观察数种药物的作用),则各处理因素施加顺序的机会也是均等的。通过随机化,一是尽量使抽取的样本能够代表总体,减少抽样误差,二是使各组样本的条件尽量一致,消除或减小组间人为的误差,从而使处理因素产生的效应更加客观,便于得出正确的实验结果。例如,观察某种新的抗休克药物对失血性休克的治疗效果,实验组和对照组复制同一程度的失血性休克模型,然后给予实验组抗休克新药,给予对照组等量的生理盐水。如果动物的分配不是随机进行,把营养状态好和体格健壮的动物均放在实验组,把营养和体格不好的动物放在对照组,最后得到的阳性实验结果并不能真正反映药物的疗效,很可能是动物体格差异所致。

随机化的方法很多,如抽签法、随机数字表法、随机化分组表法等,具体可参阅医学统计学。

9.3.3 重复原则

重复是保证实验研究结果可靠性的重要措施,它是指实验中各处理组及对照组的例数(或实验次数)要有一定的数量。由于实验动物的个体差异等原因,一次实验结果往往不够确实可靠,需要多次重复实验方能获得可靠的结果。重复有两个重要作用,一是可以估计抽样误差的大小,因为抽样误差的大小与重复次数呈反比。二是可以保证实验结果的可重复性(再现性)。

对于动物实验而言,实验需要重复的次数(即实验样本的大小或实验动物的数量)取决于实验的性质、内容及实验资料的离散程度。若样本量过少,所得的结果不够稳定,其结论的可靠性也差。如样本过多,不仅增加工作难度,而且造成不必要的人力、财力和物力的浪费。因此,应该在保证实验结果具有一定可靠性的条件下,确定最少的样本例数,以节约人力和经费。一般来说,计量资料的样本数每组不应少于 5 例,以 10~20 例为好。计数资料的样本数则需要每组不少于 30 例。

9.4 实验设计纲要

高等医学院校的学生应该初步具备对医学问题进行实验研究的能力。学生可以根据自己已经掌握的理论知识和技能,经过思考和逻辑推理,寻找出一个问题,设计出一种实验方案,通过实验来验证或解决某一问题,以培养自己进行实验设计和医学研究的能力。将前述的医学实验研究的基本程序和实验设计的原则结合起来,生理科学实验课程的实验设计纲要应该包括以下内容。

选题 根据自己所掌握的医学知识,尤其是生理学、病理生理学和药理学知识,选择合适的实验课题。所选实验课题需要解决的问题必须明确,题目不需要太大,内容不宜太杂,一个实验只需要解决一个问题或 1~2 个主要问题。在教学过程中进行选题时特别要注意课题的科学性和可行性,选题要有充分的理论和实验依据,得出的结果和结论要能说明问题,要考虑使用的实验仪器、药品试剂等应该价廉易得,实验的时间一般应控制在教学时间内。

分组设计 要根据实验的目的和处理方式进行实验的分组设计。当只有一种处理因素(可为多个水平)而无非处理因素时,可以用完全随机设计分组。如果有一种处理因素和一种非处理因素,则采用配对设计或配伍设计分组。如果有一种处理因素和两种非处理因素,则采用拉丁方设计分组。在多因素设计时,即实验安排两种以上处理因素时,则采用析因设计分组。每种分组设计所采用的统计分析方法是不同的(详见卫生统计学)。

选择实验对象 生理科学实验的实验对象包括正常动物、麻醉动物、制备了病理模型的整体动物以及取自动物体内的离体器官、组织甚至细胞等。选择何种实验对象应该结合实验的目的、方法和观察指标,还有各种动物或标本的特点。当然,主要的实验对象还是动物,尤其是那些容易得到的常用小动物,如家兔、大鼠、小鼠、蛙或蟾蜍等。在选择实验对象的同时,要结合实际情况确定样本的例数。

动物随机分组　如果所选择的实验对象是动物而且有一定的例数,则要对动物进行随机抽样分组。随机抽样分组的方法有简化分层随机法、完全随机法、均衡随机法等,分组要充分考虑到实验设计的三大基本原则。

确定观察指标　确定观察指标首先要考虑的就是指标的特异性和客观性。观察指标要能够反映所研究问题的本质,应该是可以用比较客观的方法获取的实验数据,如血压、体重、药物浓度、中毒时间等,避免用不宜定性更难定量的愉快、麻木、头昏等主观感觉。

在确定观察指标的同时,还应明确与指标测定有关的问题,如处理因素、指标测量方法以及所使用的仪器等,设计好实验记录的格式。

实施实验设计　上述过程完成后,即可以进入实验设计的实施阶段,这一阶段包括实验准备、预备实验、正式实验、实验结果的分析处理和撰写实验论文等。在实施实验设计的过程中,还可以根据实际情况,对原先的实验设计做出一定的修改和补充,以保证课题的顺利完成。

生理科学实验的实验设计是否严密,直接关系到实验结果的准确性和结论的可靠性。良好的实验设计是用比较经济的人力、物力和财力获得较为可靠的结果,使误差减至最低限度。还可以使多种处理因素包括在很少的几个实验中,达到高效的目的。不重视实验设计或设计不周密,都可因为获得的数据不完全或不可靠而导致实验失败,同时也浪费了大量的人力、物力、财力和时间。

10　科研性实验

科研性实验是指通过科学的实验设计,配合较为成熟的实验方法与技术,对拟定的研究目标或问题进行的一种有明确目的的、带有科研性质的实验性研究。进行科研性实验,对学生的整体水平和能力要求较高,具体过程较为繁杂,较适合在研究生基础学习阶段开展。

10.1　科研性实验的目的

生理科学实验课程的科研性实验与一般的教学实验有着本质上的不同,一般的教学实验是在前人工作与经验总结的基础上,重复别人做过的实验,以期达到验证所学理论、学习实验知识和技术的目的。而科研性实验是在借助前人工作与经验的基础上,通过对自己感兴趣的问题的积极思考,对未知因素进行大胆设计,尝试着用实验方法来求证问题的一种科学实验。因此,开展科研性实验的目就是通过这一阶段的教学和实践,使学生进一步掌握医学科学实验的基本程序和方法,培养学生独立地进行医学科学研究的能力。

科研性实验的基本过程包括实验设计、实施实验设计和对实验进行综合性评价三个步骤。其中关于实验设计和实施设计的问题在第 9 章已做了详细介绍,不再赘述。对于实验的综合性评价,重点是放在设计思路、通过实际操作将书面设计转化为实际结果的可行性,以及综合运用理论知识解释实验结果的能力方面。

10.2　科研性实验的选题范围

由于医学科学技术的迅速发展,基础医学无论在理论上或实践中都有大量研究课题可供选择。但对于生理科学实验课程中的学生科研性实验而言,由于受到各种条件的限制,选题范围不可太宽,条件要求也不宜太高,主要应围绕在生理学、病理生理学及药理学专业所学的理论知识和相关文献,在教师指导下,按照科学性、创新性及可行性的原则进行选题。

现将科研性实验的选题参考范围简述如下。

改进原有的实验方法　经过前期的教学实验后,如果感觉到对以往的某种实验方法有可以改进、完善的必要,即可以设计改进的思路和方法,并且通过实验加以证实改进后的方法的可行性、实用性和科学性。

建立一种新的动物模型　建立疾病的动物模型是医学研究中经常要用到的一种研究手段,建立动物模型可以使用物理的、化学的、生物的、药物的等多种方法,在这个范围内有大量的空间可以施展。

建立新的动物模型并制定出客观的评价指标要注意如下原则:实验结果表达率高,而且稳定可靠;可重复性好;实验方法更趋于简单、实用;能被多数研究者认可并借用;能解决一些实际问题,有推广使用的价值。

探讨生物介质的作用　某些生物介质如神经递质、激素、生物因子、抗原、抗体等对调节机体的正常功能以及参与疾病的病理过程均有着重要作用,研究这些生物介质的作用机制和生物功能是医学科学研究的重要课题之一。

研究药物的药效学或药动学　医学研究的根本目的是预防和治疗疾病,保证人类生存质量和身体健康。其中,发现新药、研究药物作用机制和不良反应是预防、治疗疾病的重要内容。随着生物科学技术的发展,改良型药物、新型药物不断问世,研究某种药物的药效学或药动学内容,也是可以进行研究选题的范围。

寻找治疗疾病的新方法　治疗人类疾病的方法和手段总是在不断更新和发展,积极探索疾病的病理过程和治疗疾病的综合性方法,也是值得我们医学工作者研究的内容。

10.3　实施方法和评分标准

科研性实验以自由组合的方式组成4~5人的实验小组,经过查阅文献资料、调研、选择实验课题后,写出实验设计方案并在组内进行开题论证,实验设计方案经指导教师审查同意后进行预备实验,继而转入正式实验,实验结束后进行总结并写出实验论文,以班级为单位组织论文答辩。

科研性实验的查阅文献资料、调研、选题、实验设计和开题论证等内容均利用课余时间完成,预备实验安排4学时,正式实验安排4学时,论文答辩安排2学时。

研究性实验的各单项评分划分为四个等级标准,总评分为满分100分,最后得分则根据科研性实验在课程总分中所占的比例折算成具体分数加入课程总分。

各单项评分的标准及分值如下:

实验设计质量　根据实验设计方案的可行性、科学性、创新性及明确的目的性,综合评定实验设计质量项目得分,分为优、良、中、一般四个等级予以评分,得分分别为20、17、15、12分。

实验过程与结果　根据实验操作是否熟练规范,实验结果是否准确可靠,实验技术的难度大小,综合评定实验过程与结果项目得分,分为优、良、中、一般四个等级予以评分,得分分别为20、17、15、12分。

实验论文质量　根据论文的论点是否突出,层次是否清楚,文字是否精练,语句是否通顺,书写是否工整,图表是否正确、美观,分析讨论是否科学,逻辑推理是否合理,参考文献是否规范等,综合评定实验论文质量项目得分,分为优、良、中、一般四个等级予以评分,得分分别为20、17、15、12分。

以上三项为小组共同得分,由指导教师评定。

答辩　由指导教师和技术人员组成答辩小组,实验小组派代表对本组的科研性实验作总结报告,答辩小组成员对参加答辩报告的论文提出问题,被评组学生均可以回答问题。提问内容包括文献准备与背景知识,设计思路与技术手段,操作环节与实验结果,分析讨论与存在问题等方面,按优、良、中、一般四个等级综合评定答辩项目得分,得分分别为 20、17、15、12 分。论文报告者加 5 分。此项评分由答辩小组评定。

小组互评　各实验小组成员在其他组进行论文报告和答辩时,对其实验设计质量、实验结果、论文质量以及论文报告答辩情况给予综合评分,评分也按照优、良、中、一般四个等级,得分分别为 10、8.5、7.5、6 分。各组评分的平均值即为被评小组学生的共同得分。

贡献排名得分　每个学生在实验设计和实验论文中的排名由小组根据个人在实验中的贡献大小(包括文献调研、实验选题、方案设计、资料整理、结果分析以及论文撰写等方面)民主评议确定,并上报指导教师审定。实验设计和论文的第一作者得 10 分,第二作者得 8.5 分,第三作者得 7.5 分,以后作者分别得 6 分。

附表 1 pA$_2$ 计算表

mm	lg(x-1)	mm	lg(x-1)	mm	lg(x-1)	mm	lg(x-1)
0.5	-1.41	20.5	0.58	40.5	1.33	60.5	2.01
1.0	-1.10	21.0	0.60	41.0	1.35	61.0	2.03
1.5	-0.96	21.5	0.62	41.5	1.36	61.5	2.05
2.0	-0.78	22.0	0.64	42.0	1.38	62.0	2.06
2.5	-0.67	22.5	0.67	42.5	1.40	62.5	2.08
3.0	-0.59	23.0	0.69	43.0	1.42	63.0	2.10
3.5	-0.51	23.5	0.71	43.5	1.43	63.5	2.11
4.0	-0.45	24.0	0.73	44.0	1.45	64.0	2.13
4.5	-0.38	24.5	0.74	44.5	1.47	64.5	2.15
5.0	-0.33	25.0	0.76	45.0	1.49	65.0	2.16
5.5	-0.28	25.5	0.78	45.5	1.50	65.5	2.18
6.0	-0.23	26.0	0.80	46.0	1.52	66.0	2.20
6.5	-0.19	26.5	0.82	46.5	1.54	66.5	2.21
7.0	-0.15	27.0	0.84	47.0	1.55	67.0	2.23
7.5	-0.11	27.5	0.86	47.5	1.57	67.5	2.25
8.0	-0.07	28.0	0.88	48.0	1.59	68.0	2.26
8.5	-0.04	28.5	0.90	48.5	1.61	68.5	2.28
9.0	0.00	29.0	0.92	49.0	1.62	69.0	2.30
9.5	0.03	29.5	0.94	49.5	1.64	69.5	2.31
10.0	0.06	30.0	0.95	50.0	1.66	70.0	2.33
10.5	0.09	30.5	0.97	50.5	1.67	70.5	2.35
11.0	0.12	31.0	0.99	51.0	1.69	71.0	2.36
11.5	0.15	31.5	1.01	51.5	1.71	71.5	2.38
12.0	0.18	32.0	1.03	52.0	1.73	72.0	2.40
12.5	0.21	32.5	1.05	52.5	1.74	72.5	2.42
13.0	0.23	33.0	1.06	53.0	1.76	73.0	2.43
13.5	0.26	33.5	1.08	53.5	1.78	73.5	2.45
14.0	0.29	34.0	1.10	54.0	1.79	74.0	2.47
14.5	0.3l	34.5	1.12	54.5	1.81	74.5	2.48
15.0	0.33	35.0	1.13	55.0	1.83	75.0	2.50
15.5	0.36	35.5	1.15	55.5	1.84	75.5	2.52
16.0	0.38	36.0	1.17	56.0	1.86	76.0	2.53
16.5	0.41	36.5	1.19	56.5	1.88	76.5	2.55
17.0	0.43	37.0	1.21	57.0	1.89	77.0	2.57
17.5	0.45	37.5	1.22	57.5	1.91	77.5	2.58
18.0	0.47	38.0	1.24	58.0	1.93	78.0	2.60
18.5	0.50	38.5	1.26	58.5	1.95	78.5	2.62
19.0	0.52	39.0	1.28	59.0	1.96	79.0	2.63
19.5	0.54	39.5	1.30	59.5	1.98	79.5	2.65
20.0	0.56	40.0	1.31	60.0	2.00	80.0	2.67

附表 2   pD₂ 计算表

mm	lgA	mm	lgA	mm	lgA	mm	lgA
0.5	0.02	10.5	0.35	20.5	0.68	30.5	1.02
1.0	0.03	11.0	0.37	21.0	0.70	31.0	1.03
1.5	0.05	11.5	0.38	21.5	0.72	31.5	1.05
2.0	0.07	12.0	0.40	22.0	0.73	32.0	1.07
2.5	0.08	12.5	0.42	22.5	0.75	32.5	1.08
3.0	0.10	13.0	0.43	23.0	0.77	33.0	1.10
3.5	0.12	13.5	0.45	23.5	0.78	33.5	1.12
4.0	0.13	14.0	0.47	24.0	0.80	34.0	1.13
4.5	0.15	14.5	0.48	24.5	0.82	34.5	1.15
5.0	0.17	15.0	0.50	25.0	0.83	35.0	1.17
5.5	0.18	15.5	0.52	25.5	0.85	35.5	1.18
6.0	0.20	16.0	0.53	26.0	0.87	36.0	1.20
6.5	0.22	16.5	0.55	26.5	0.88	36.5	1.22
7.0	0.23	17.0	0.57	27.0	0.90	37.0	1.23
7.5	0.25	17.5	0.58	27.5	0.95	37.5	1.25
8.0	0.27	18.0	0.60	28.0	0.93	38.0	1.27
8.5	0.28	18.5	0.62	28.5	0.95	38.5	1.28
9.0	0.30	19.0	0.63	29.0	0.97	39.0	1.30
9.5	0.32	19.5	0.65	29.5	0.98	39.5	1.32
10.0	0.33	20.0	0.67	30.0	1.00	40.0	1.33

附表 3 常用实验动物的主要生物学参数

动物	体温(℃)	呼吸(次/min)	心率(P/min)	血压(kPa)(收缩压/舒张压)	全血量(ml/kg)	血红蛋白(g/100 ml)	红细胞(×10¹²/L)	白细胞(×10⁹/L)	血小板(×10⁹/L)
犬	37.5~39.7	11~37	100~130	14~19/10~16	76~107	11~18	4.5~8	11~18	200~300
猫	38~39.5	20~30	110~140	12~19/7.5~11	47~65	7~15.5	6.5~9.5	9~24	100~500
家兔	38.5~39.7	38~60	123~304	12~17/8~12	44~70	8~15	4.5~7	6~13	300~400
豚鼠	39~40	69~104	260~400	4~19/2~12	67~92	11~16.5	4.5~7	10	116
大鼠	37~42.5	66~114	216~600	12~25/8~19	58~70	12~17.5	7.2~9.6	5~25	100~300
小鼠	37~39	84~230	328~780	13~17/9~12	78	10~19	7.7~12.5	4~12	150~260
蟾蜍	—	—	36~70	2.7~8/2.7~5.3	50	8	4~6	2.4	—

注 附表中的数据由于动物品系、状态(麻醉与否)、测量方法等的不同,各院校实验资料中有所差异,仅供参考。

附录　生理科学实验课程教学大纲

生理科学实验课程的教学按照掌握、熟悉、了解三个层次的要求进行。掌握部分是教师教学中必须重点讲解的内容和反复强调、反复操作的技术要领,要求学生必须熟练掌握其理论内容和操作步骤,也是教学完成后学生考试的主要部分,约占整个考试内容的 60%。熟悉部分作为次一级的要求,教师在教学中做一般介绍,约占考试内容的 30%。了解部分主要为学生自学部分,约占考试内容的 10%。请教师和学生能按照此教学大纲组织课程学习,以便统一课程教学内容,规范课程教学要求,保证课程教学质量。

1　绪论

1.1　熟悉课程的性质、特点、教学目标、教学程序、教学方法和考试评分方法。了解实验室的布局和常用实验仪器的位置。

1.2　熟悉课程的教学要求,包括课前的预习和准备、实验教学中的注意事项、实验教学结束后的整理工作和要求。

1.3　熟悉实验结果的记录和整理过程,实验结果的表述方法以及应注意的问题。

1.4　掌握实验报告的撰写要求(格式、内容、图表等)。

1.5　了解学生实验室守则

2　医学动物实验的基本知识

2.1　了解动物实验的几种常用方法及实验观察指标,了解它们之间的联系和区别。

2.2　熟悉实验动物的种类及应用特点。掌握根据不同的实验目的选择实验动物的原则和方法。

2.3　熟悉动物实验用药浓度的表示方法,掌握常用给药剂量的计算方法。

2.4　熟悉常用的生理溶液名称和应用对象。

2.5　熟悉实验动物的麻醉分类、麻醉特点、麻醉常用药物及剂量、麻醉中的注意事项。

3　医学动物实验的基本技术

3.1　熟悉实验动物的编号方法。掌握常用实验动物的捉拿与固定方法以及各注意事项。

3.2　熟练掌握各种动物手术的基本方法和注意事项,能独立、有效地完成各项操作。

3.3　掌握各种常见实验动物的正确给药方法。熟悉各种给药工具的选择和使用。

3.4　熟悉实验动物的各种采血方法。

3.5　熟悉实验动物的各种安乐死方法。

4　实验常用手术器械和仪器设备

4.1　熟悉动物实验中常用的手术器械,能够正确地选择和使用所需手术器械。

4.2　掌握 MedLab 生物信号采集处理系统的使用方法,能根据实验要求正确选择、配置、使用 MedLab 处理系统,能正确观察、记录、保存、处理和打印实验结果。

4.3　了解752型紫外分光光度计等其他仪器设备的性能、用途和使用方法。

5　实验数据的处理与统计分析

5.1　掌握实验数据的分类及各种数据资料的特征、表述方法。

5.2　了解实验数据质量评价的重要性及其要求。

5.3　熟悉实验数据的一般处理方法。

5.4　了解实验数据的统计分析方法,熟悉用 Excel 软件处理实验结果的方法,了解计算器在实验中的一般使用。

6　生物基础医学机能实验

6.1　蛙类神经干动作电位的引导及其传导速度的测定。

掌握蛙坐骨神经-胫腓神经标本的制备方法、引导神经干复合动作电位和测定神经干动作电位传导速度的基本原理和方法。熟悉神经标本屏蔽盒、MedLab 生物信号采集处理系统在本实验中的应用,熟悉兴奋和兴奋性、阈刺激、动作电位的潜伏期、动作电位时程和幅值等基本概念。

6.2　离体蛙类心脏灌注及药物的影响

掌握离体蛙心的制备方法和实验方法。掌握各种因素对离体蛙心的影响和原理。熟悉 MedLab 生物信号采集处理系统的实验记录和实验结果处理方法。了解张力换能器在实验中的作用及使用注意事项。

6.3　家兔呼吸运动的调节

掌握呼吸运动的实验方法、各种理化因素对呼吸运动的影响及其原理。熟悉 MedLab 生物信号采集处理系统的实验记录和实验结果处理方法。了解保护电极、氧气瓶、张力换能器在实验中的作用及使用注意事项。

6.4　家兔大脑皮质诱发电位

掌握诱发皮质电位的实验方法和诱发电位产生的原理。熟悉 MedLab 生物信号采集处理系统的实验记录和实验结果处理方法。了解诱发电位的图像特征和实验中的注意事项。

6.5　影响大鼠胃酸分泌的体液因素

掌握大鼠胃部手术和插管的方法,掌握磷酸组胺、西咪替丁、五肽胃泌素、氨甲酰胆碱、阿托品对胃酸分泌的影响及其原理。熟悉酸碱滴定的原理和胃酸排出量测定的计算方法。

6.6　人体动脉血压的测定

掌握人体动脉血压的间接测压法。熟悉测压原理及影响动脉血压的因素。

6.7　出血时间和凝血时间的测定

了解出血时间和凝血时间的基本测定方法和正常值。

6.8　红细胞渗透性和化学性溶血实验

掌握测定红细胞渗透脆性的实验方法。掌握引起红细胞溶解的各种理化因素及其溶血原理。熟悉红细胞混悬液的制备方法和溶血现象的判断。了解红细胞脆性及抵抗力的概念以及不同浓度的低渗溶液与红细胞膜抵抗力之间的关系。

7　动物病理模型的复制及治疗实验

7.1　家兔急性弥散性血管内凝血(DIC)

掌握制备急性 DIC 动物模型的方法和急性 DIC 的发病机制、病理变化过程及其意义。熟悉急性 DIC 的诊断标准及有关的实验室检查方法和原理。熟悉光学显微镜、离心机、恒温水浴箱的使用方法。了解 752 型紫外分光光度计在实验中的作用。

7.2　家兔急性肾功能不全

掌握使用氯化高汞复制中毒性肾功能不全动物模型的方法和原理。掌握尿常规检验法及血浆尿素氮的测定方法。熟悉血浆尿素氮的测定原理。了解实验的注意事项和 752 型紫外分光光度计的使用方法。

7.3　氨在肝性脑病发病过程中的作用

掌握制备肝功能不全动物模型的方法和氨在肝性脑病发生过程中的作用及原理。熟悉家兔氨中毒的观察指标和中毒解救原理。了解实验的注意事项。

7.4　家兔失血性休克及其抢救

掌握家兔失血性休克病理模型的制备方法、失血性休克的各项观察指标及急救原则。熟悉失血性休克的发病机制和抢救药物的作用原理。了解 MedLab 生物信号采集处理系统的使用要求和实验中的注意事项。

7.5　有机磷酸酯类中毒及其解救

掌握有机磷酸酯类农药中毒的症状、中毒原理。掌握解救药物的选择、作用原理、解救效果并结合临床应用。熟悉胆碱酯酶活性的测定方法及其原理,了解有机磷酸酯类农药中毒的其他临床救护措施。

8　药物研究的动物实验

8.1　药物半数有效量(ED_{50})和半数致死量(LD_{50})的测定

掌握测定药物 LD_{50} 和 ED_{50} 的药理学意义和方法(改进寇氏法)。熟悉序贯法的特点、实验方法和计算方法,熟悉盐酸普鲁卡因和戊四氮的毒性作用。了解药物 LD_{50} 和 ED_{50} 的一般测定程序。

8.2　乙酰胆碱的量效关系曲线及药物 pD_2、pA_2 的测定

掌握离体肠管平滑肌的实验方法和受体激动剂量效关系曲线图的绘制方法,掌握药物 pD_2、pA_2 的定义、计算方法及测定意义。熟悉乙酰胆碱和阿托品对离体肠管平滑肌的影响及原理,熟悉受体激动剂量效关系曲线的特点及竞争性拮抗剂对激动剂量效曲线的影响。了解 pD_2、pA_2 计算表的使用方法和离体肠管实验中的注意事项。

8.3　传出神经系统药物对血压和心率的影响

掌握家兔血压实验的记录方法和特点、各种药物因素对血压和心率的影响及其原理。熟悉 MedLab 生物信号处理系统的实验记录和实验结果处理方法。

8.4　氯丙嗪抗激怒(安定)实验

掌握电激怒实验的方法和氯丙嗪对小鼠神经系统的影响及原理。熟悉电刺激器和电刺激激怒盒的使用及注意事项。了解影响实验结果的某些因素。

8.5　利多卡因的抗心律失常作用

掌握药物诱发大鼠心律失常的方法和生物信号采集处理系统记录心电图的方法。熟悉心电图的各种图形并理解其含义。熟悉利多卡因对大鼠心电图的影响及其原理。了解影响实验结果的各种因素。

8.6　磺胺类药物药动学参数的测定

掌握测定药物血浆半衰期的临床意义、测定步骤和计算方法。掌握两种药物消除动力学类型(零级、一级)的特点及在半对数纸上绘制时量曲线的方法。熟悉药物房室模型、双相指数消除曲线的概念。熟悉磺胺类药物的比色原理和752型紫外分光光度计的测定原理。了解曲线下面积等其他药动学参数的临床意义和计算方法。

9　生理科学实验的实验设计

9.1　熟悉医学实验研究的基本程序,包括立题、建立假说、设计、实验、结果的分析处理、撰写实验论文等环节。

9.2　掌握实验设计的三大要素和三大原则。

9.3　了解实验设计纲要并能够运用纲要进行实验设计。

10　科研性实验

了解科研性实验的目的及其重要性、实验的选题范围、实施方法和评分标准。